我的第一本养猫书

郭圆 著

天津出版传媒集团

天津科学技术出版社

图书在版编目（CIP）数据

我的第一本养猫书 / 郭圆著 . -- 天津：天津科学
技术出版社，2025.4. -- ISBN 978-7-5742-2845-0
（2025.8 重印）

Ⅰ . S829.3

中国国家版本馆 CIP 数据核字第 202581R0D8 号

我的第一本养猫书

WO DE DIYIBEN YANGMAO SHU

策划编辑：杨　譞
责任编辑：杨　譞
责任印制：刘　彤

出　　版：	天津出版传媒集团
	天津科学技术出版社
地　　址：	天津市西康路 35 号
邮　　编：	300051
电　　话：	（022）23332490
网　　址：	www.tjkjcbs.com.cn
发　　行：	新华书店经销
印　　刷：	河北松源印刷有限公司

开本 880×1230　1/32　印张 6　字数 106 000
2025 年 8 月第 1 版第 2 次印刷
定价：48.00 元

前言

　　萌萌的猫，光是看着就很治愈，于是，越来越多的人选择成为一名光荣的"铲屎官"。但主人把猫带回家的那一刻，也要明白，猫除了有温暖可爱的一面，也会生病、衰老、变丑，需要付出足够的时间、爱心和金钱，才能让这份陪伴持续美好下去。

　　发现猫生病了，很多主人都会手足无措，其实只要我们在生活中多加注意，就可以很好地预防大部分猫的疾病。想要保证猫的健康，最基本的方法就是给猫定期注射疫苗，做好体内、体外的驱虫。主人要帮助猫做好卫生工作，定期给猫梳毛、洗澡，还要经常观察猫的牙齿、耳朵、鼻子等部位的情况。猫的饮食方面也不能马虎，只有吃得健康、营养，才能避免猫"病从口入"。

　　大部分人会患上的疾病，猫也同样容易"中招"。从感冒、发烧，到牙结石、牙龈炎，再到消化系统、泌尿系统疾病，甚至是贫血、抑郁症，除了需要耐心、细致的照顾外，还需要主人配合医生的治疗，特别是不要为了方便和省钱，擅自给猫使用人用药，那样是对猫的不负责任。

猫不会说话，即使身体出现问题也无法表达。当猫的生活行为习惯出现异常时，代表猫很可能出现了生理、病理或心理问题。主人看到猫出现歪头、经常舔毛、吃塑料袋、乱尿等行为时，不要只是觉得有趣，更不要忽视和惩罚，应该及时找到原因，或者寻求医生的帮助。

猫的传染病基本是由病毒、细菌和寄生虫引起的，还有些疾病属于人畜共患。主人不要因为猫有传染病就将猫随意丢弃。像最常见的猫细小病、猫鼻支、猫癣、耳螨等疾病，只要主人能够做到积极给猫进行治疗，做好隔离防护和消毒杀菌，是不会传染给人和其他宠物的。

主人要定期带猫去医院做身体检查，才能通过及早治疗避免出现恶性病变。即使猫不幸罹患重症，也并不代表只能够对它判处"死刑"，只要主人根据医生的意见，及时为猫选择正确的治疗方法，猫还是有存活希望的，甚至能够在预后拥有良好的生活质量。

本书的内容涉及猫疾病的预防、常见病的诊治、猫的异常行为、传染病、皮肤病、重症疾病、猫的繁殖、老年猫易患的疾病，以及意外状况的紧急处理和养猫常备用药等知识，几乎涵盖了养猫过程中大部分健康问题的解决方法。希望能够为众多爱猫人士带来方便的同时，让所有可爱的猫咪都能够拥有更加幸福的"猫生"。

目录

第一章
这样做，能预防 80% 的猫疾病

第二章
猫常见病诊治

第三章
猫常见的传染性疾病

第四章
教你正确应对猫的皮肤病

第五章
教你冷静应对猫界"绝症"

第六章
关注老年猫的健康问题

第七章
猫的怪异行为是在"求救"

第八章
养猫意外状况紧急处理

第九章
养猫必备用药常识

第一章
这样做，能预防 80% 的猫疾病

🐾 正确接种疫苗

给猫打疫苗的目的是预防疾病，所以不必犹豫，该打的疫苗一定要打。

猫疫苗到底有几联

猫可以接种的疫苗有很多种，按照可以预防的疾病数量，有猫二联、猫三联、猫四联、猫五联、猫七联。

这里的"联"经常被认为是打几针，实际上几联是预防几种疾病的意思。比如，最常打的猫三联，主要预防三种疾病；猫五联，主要预防五种疾病。具体预防疾病的名称如表 1-1 所示。

猫疫苗种类和预防疾病 表 1-1

疫苗种类	猫二联（国产）	猫三联	猫四联	猫五联	猫七联
猫瘟	√	√	√	√	√
狂犬病	√				√
猫杯状病毒		√	√	√	√
猫鼻支		√	√	√	√

猫披衣菌肺炎			√	√	√
猫白血病				√	√
猫冠状病毒					√

选择疫苗的原则

从表 1-1，我们可以看到，疫苗的联数越多，可以预防的疾病种类就越多。比如猫七联，几乎包含了猫可能患的所有严重疾病。但在选疫苗的时候，并不意味着联数越多的疫苗就越好。

虽然疫苗联数越多，预防的疾病就越多，但同时也会增加注射部位患肿瘤的风险。所以，为了规避风险，猫三联被作为基础疫苗推荐。而且，相对来说，猫三联也比较经济实惠。

国内常用的猫三联疫苗品牌是美国的妙三多，以至于有人误把猫三联和妙三多画上了等号。实际上，猫三联还有其他品牌，妙三多只是其中一个。

猫三联疫苗接种时间

猫在出生时自身带有抗体，出生 8 周后抗体会消失。所以猫出生 8 周后可以接种第一针疫苗，实现与体内的母源抗体无缝衔接。接种时间具体如表 1-2（下页）。

国内的宠物医生也都建议每年给猫接种一次猫三联，增强免疫力。但接种疫苗也存在风险，很多国家已经提倡在首次免疫后三年再打一次，其间可以做一次抗体检测。需要注意的是，首次接种猫三联疫苗最好选择同一品牌，后面接种的加强针可以选择不同品牌。

猫三联接种时间　表1-2

针剂	幼猫首次免疫注射	注意事项
第一针	出生后8周，大约2个月	1. 每针疫苗的间隔时间为21～28天。
第二针	与第一针间隔21天左右	2. 首次免疫的三针一定要按时打，尽量避免提前或者推迟，否则容易导致疫苗接种失败。
第三针	与第二针间隔21天左右	3. 如果确实无法保证时间，延后的时间也不要超过一周。如果超过，可以通过检测抗体来决定是否需要补种疫苗

有必要给猫打狂犬病疫苗吗

狂犬病疫苗主要是为了预防猫被传染狂犬病，以及人被猫传染狂犬病。

但是对于室内猫来说，是否接种狂犬病疫苗的争议比较大。因为只有被狂犬病发作的动物咬伤才可能感染狂犬病，所以接触外界动物机会比较少的室内猫被感染的概率不高。但是考虑到猫和人在感染狂犬病后无法治愈，死亡率高达百分之百，为了预防，建议给猫接种狂犬疫苗。尤其是经常出门的猫、收养的流浪猫、和狗混养的猫，更需要打狂犬疫苗。

狂犬病疫苗接种时间

猫在出生12周后可以接种一次狂犬病疫苗。

此后，如果猫经常外出，并会接触到其他动物，或者属于散养，建议第一针后每一年到三年补种一次狂犬病疫苗。如果猫基本都在室内活动，也不接触其他动物，第一针后可以不再补种。

猫接种疫苗的部位

为了减少注射部位肿瘤的产生，建议将疫苗打在猫的四肢。这样万一出现肿瘤，可以采取截肢的治疗方法。如果打在猫的脖颈后面，出现肿瘤将很难抢救。

猫不可以接种疫苗的情况

1. 老年猫不建议接种疫苗，特别是 13 岁以上的猫，因为老年猫在接种疫苗后会出现过敏反应，疫苗还会降低猫的免疫系统功能。

2. 猫有感冒、发烧、呕吐、腹泻、精神不振、食欲不佳，或刚做完手术等身体不舒服的情况，建议等身体恢复健康后再接种疫苗。

3. 母猫在怀孕时不能接种疫苗。

4. 猫在应激反应时暂时不适合接种疫苗。

5. 猫刚做完驱虫，不能立刻接种疫苗。

6. 刚到新家庭或对新环境还不适应的猫，要暂缓接种疫苗。

猫接种疫苗后的临床表现

1. 有些猫在接种疫苗后会出现食欲下降、精神不振等轻微不良反应，一般可以自行缓解。如果出现面部和嘴唇肿胀、瘙痒、呕吐、腹泻等情况，需要及时就医。

2. 注射部位可能会红肿、脱毛，通常这些症状会在 1 ~ 2 天内逐渐消失，最多持续 4 ~ 6 周。主人可以在注射 48 小时后征求医生意见后在注射部位做热敷。如果注射部位的红肿增大，需要及时前往医院检查。

接种疫苗后主人要做的事

1. 主人要在疫苗全部接种完毕后，间隔一周再给猫洗澡。

2. 不能带猫外出，最后一针接种后一周才可以外出。

疫苗对病毒的防护并不能达到百分之百的效果，所以在接种疫苗后仍然要注意预防猫被病毒感染。

接种疫苗和驱虫能同时进行吗

如果驱虫和接种疫苗同时进行会产生一定的副作用，比如使猫食欲下降、呕吐、腹泻等，会降低猫接种疫苗后的预防效果，因此接种疫苗和驱虫必须分开进行。先驱虫再接种疫苗，体内驱虫和疫苗接种要间隔1周以上，体外驱虫没有禁忌。

猫不出门，也要定期驱虫

有人疑惑，自己从不带猫外出，也需要定期给猫做驱虫吗？是的。因为就算猫不出门，人也要出门，猫就有可能感染寄生虫。

为什么猫不出门也会感染寄生虫

室内常见的寄生虫来源有人的鞋子、衣物，还有家中的下水道、空调口，以及蟑螂，或者其他不干净的食物等。此外，还有蚊虫传播、母体感染等。所以，即便猫从不出门，也有必要定期做驱虫。接下来，我们具体来了解猫的驱虫方式、频率及用药等问题。

体内寄生虫和体外寄生虫

猫的驱虫方式分体内驱虫和体外驱虫，又分别叫内驱和外驱。

内驱针对的是猫体内的寄生虫，主要有绦虫、蛔虫、球虫、滴虫、钩虫、心丝虫及弓形虫等。外驱针对的是猫体外的寄生虫，主要是跳蚤、虱子、蜱虫等。

感染体内寄生虫的临床症状

绦虫

1.绦虫主要寄生在猫的肠道里，体形是一节一节的。每节中含有虫卵，发育成熟后这些虫卵会随粪便排出体外。如果在猫的粪便中发现有白色米粒状的物体，那就说明猫体内有绦虫。

2.感染绦虫会导致猫呕吐、腹泻、营养不良，引起肛门瘙痒，使猫发生坐在地上摩擦屁股的行为。

3.严重感染时还会引起肠梗阻、贫血等并发症。

蛔虫

1.蛔虫主要寄生在猫的小肠和胃里，数量不多时猫不会有明显的症状。但是，当数量增多时，猫会表现出虚弱、消瘦、腹围增大、腹痛、肠梗阻、呕吐、先腹泻后便秘等症状。

2.蛔虫还会顺着肠道进入其他器官，比如肺部，并对肺组织造成损伤和刺激，加上感染细菌而引发肺炎，如果是幼猫感染到了这种程度，很容易引起死亡。

钩虫

1.钩虫主要寄生在猫的十二指肠，会造成猫腹泻，粪便呈黑色，或者带血。

2.严重时会体重下降、身体虚弱、脱水、贫血。大量的钩虫感染会引发死亡。

体内寄生虫的感染途径

1.绦虫本身没有感染性，主要是通过环境中的跳蚤传播。当猫舔舐自己时，如果将感染绦虫的跳蚤吃进体内，就会感染绦虫。

2.蛔虫的感染途径有两个：一是通过母猫的胎盘或乳汁感染幼猫；二是在不卫生的环境中，猫误食了蛔虫卵或蛔虫。

3.钩虫的感染途径有两个：一是猫将钩虫虫卵吃进体内，导致感染；二是钩虫通过皮肤破损的地方侵入体内。

驱虫多久进行一次

一般来说，猫从出生8周开始，每个月做一次驱虫。如果担心猫由于年龄小而身体不耐受，可在做完体外驱虫1～3天后再做体内驱虫。

一岁后可以判定为成年猫，根据"欧洲伴侣动物寄生虫科学委员会"的建议，驱虫频率应该按照猫的饮食习惯和生活环境来决定，具体可分为三个档次，如表1-3所示。

驱虫频率　表1-3

时间间隔	饮食习惯	生活环境
1个月一次	主食为生肉	经常在草地上溜达，或者已经感染了寄生虫
1～2个月一次	偶尔吃生肉	偶尔到室外，居住环境不洁，有蟑螂等虫子，或者常和其他宠物来往
2～3个月一次	主食质量较好的猫粮	常年圈养在家，家中有定期消毒的习惯

此外，驱虫频率也受季节影响。夏天时，外驱1～2个月一次，内驱3个月一次。冬天时，内驱3个月一次，外驱2～3个月一次。如果是怀孕和哺乳期的母猫，要在生产前10天和哺乳期结束后2～4周额外再做驱虫。

了解了驱虫的频率，还要了解重点驱什么虫，这样才能保证有效驱虫。表1–4（下页）是对不同途径可能感染的寄生虫的分析。我们可以对照自己养猫的环境，有针对性地重点驱虫。

需要注意的是，做体外驱虫时要把药滴在后脖颈，即猫舔舐不到的位置，或者戴上伊丽莎白圈，防止猫舔舐。并要拨开毛发，滴在皮肤上，滴在毛发上面是起不到作用的。做完体外驱虫后，一周内不能洗澡。

如何选择驱虫药

驱虫药的品牌和种类非常多，很多宠物主人不知道如何选择，下面我们针对市面上的一些常见驱虫药的驱虫范围做个对比，见表1–5（第10页）。

由于不同的驱虫药之间各有侧重，没有一款驱虫药可以完全覆盖寄生虫。所以可根据自家猫的需求，选择搭配使用效果会更好。最有效的方法是去医院做个便检，根据检测结果有针对性地驱虫。

驱虫后的观察

驱虫后要注意观察猫的精神状态和粪便情况。一些体质弱的猫，可能会出现精神萎靡、呕吐、发烧等症状，一般1~2天可自行缓解。如果数天不见缓解，并且出现腹泻等状况，要及时咨询医生。

猫服用过量驱虫药会造成什么后果

如果猫摄入的药量超过了安全范围，并且出现腹泻、呕吐、抽搐、结膜紫绀、低血糖、流口水或口吐白沫的现象，说明猫中毒了，必须及时就医。所以为了避免中毒，一定要按医嘱

寄生虫感染途径及驱虫频率 表1-4

体外驱虫				体内驱虫			
寄生虫	感染途径	感染风险	驱虫频率	寄生虫	感染途径	感染风险	驱虫频率
跳蚤虱子	接触感染了此类寄生虫的猫、狗等；居住环境卫生差		每月一次	绦虫	捕食老鼠、蟑螂、野鸟、淡水鱼虾		每月一次
耳螨	猫之间接触传染		如没有被传染，1~2个月一次	蛔虫	捕食老鼠；母猫传染		每月一次
蜱虫	在草地里玩耍		如外出不频繁，1个月一次	钩虫	捕食老鼠；伤口侵入；母猫传染		每月一次
				球虫	食用被球虫感染的肉类		1~2个月一次
				滴虫	食用不干净的食物和喝		1~2个月一次
				心丝虫	被感染的蚊虫叮咬		1~2个月一次

表 1-5　常见驱虫药

药名	类型	针对寄生虫	可用猫龄	药效时间	优缺点
爱沃克	内外同驱	跳蚤、耳螨、线虫、心丝虫幼虫	9周龄以上	药效持续1个月	用途广泛，效果好，但价格偏贵
大宠爱	内外同驱	跳蚤、耳螨、疥螨、蛔虫、预防心丝虫	6周龄以上	给药后2小时起效，药效持续1个月	成分安全，怀孕期、哺乳期的猫均可用，但对蜱虫没有效果，对跳蚤蛋效果有限
海乐妙	体内驱虫	蛔虫、钩虫、绦虫	6周龄以上	药效持续3个月	颗粒小，易投喂，但不驱跳蚤、蜱虫
福来恩	体外驱虫	跳蚤、蜱虫	8周龄以上	给药后24～48小时起效，药效持续1个月	价格便宜，但孕期及哺乳期不可用
博来恩	内外同驱	跳蚤、蜱虫、线虫、绦虫	7周龄以上	给药后24小时起效，药效持续1个月	可驱杀全生命周期的跳蚤，但副作用用较多

给药。

驱虫药和益生菌能一起给猫吃吗

益生菌有辅助调理肠道的作用。有些肠胃比较脆弱的猫在吃完驱虫药后，会出现腹泻、呕吐的症状。这时可以先禁食半天，减轻肠胃负担。可以在做完驱虫后间隔 2 小时给猫喂食宠物用的益生菌来调理肠胃。

🐾 坚持给猫刷牙

我们都知道，牙齿健康是身体健康很重要的一部分。同样，吃猫粮的猫也需要刷牙，否则很容易患上牙周疾病。

为什么要给猫刷牙

猫的牙齿分为门齿、犬齿和臼齿。又长又尖的牙齿是犬齿，其余的分别是门齿和臼齿。猫在乳牙阶段时有 26 颗牙齿，在恒牙阶段时有 30 颗牙齿，臼齿比乳牙阶段多了上下各 2 颗。

猫在捕猎时用犬齿咬紧猎物，接着再用臼齿分割和撕裂猎物，这能够在一定程度上摩擦和清洁牙齿。但现在室内猫并不需要狩猎，通常是吃猫粮和罐头，牙齿很容易残留污垢。所以猫的牙齿清洁很重要。

猫在进食后，食物残渣会黏附在牙齿上，如果不及时清理，就会形成牙菌斑，继而形成牙结石，导致猫出现口臭、流口水的现象。牙结石还会引发口腔溃疡、牙龈炎、口炎等口腔疾病，出现牙龈红肿、炎症和流血，严重时需要全口拔牙。

猫多大可以开始刷牙

猫在出生 2 ～ 4 周时会长出乳牙，两个月时乳牙长齐，通常这个时候要给幼猫断奶，让其独立进食。此时，也是开始刷牙的时间。而且，越早开始刷牙，越能避免猫在成年后抗拒刷牙。

幼猫一般在三到五个月进入换牙期，乳牙脱落，长出恒牙。这时，猫的牙齿有新有旧，特别容易残留食物碎屑，更需要刷牙护理。

猫吃干粮的话还需要刷牙吗

猫吃罐头、自制猫饭等相对软化的湿粮比较容易滋生牙垢，导致牙结石。很多猫主人就给猫喂食干粮，觉得这样猫就不会出现牙结石。其实猫吃干粮也会生成牙结石，只是相对吃湿粮来说形成的速度慢一些而已。所以无论喂猫哪种食物，都需要给它刷牙。

给猫刷牙的频率

猫每周刷牙的次数不能低于 2 次，最好每天都能给猫刷牙。因为猫像人一样，每天都会吃饭，所以及时地清理掉牙齿间的残渣，对预防牙周疾病是很有必要的。

刷牙工具

不能给猫使用人用的牙刷和牙膏，需要使用宠物专用的牙刷和牙膏或洁牙粉。牙刷要选择小头的，刷毛要选择柔软的，方便进入猫的口腔，不会引起牙龈出血。猫不会吐泡沫，会把牙膏吃进身体里，所以要选择可食用的牙膏。牙膏可以根据猫的喜好选择牛肉、鸡肉或鱼肉等各种口味。

在猫比较小或还不习惯使用牙刷时，主人也可以用纱布、棉签或者指套牙刷让猫来逐渐适应。

给猫刷牙的步骤

1. 主人要让猫放松下来，让猫用舒服的姿势趴着或躺着。

2. 主人一只手将猫的头抬起，用两根手指轻轻拨开嘴皮固定住，另一只手用牙刷在牙齿与牙龈的交界处竖向刷，或者打圈刷。一颗一颗地全部刷到。

3. 手法要轻柔和缓，不要戳痛猫的牙龈，以免引起猫的反抗。

4. 每次刷牙的时间保持在 1～2 分钟就可以，尤其是刚开始时，时间一定不能长。

5. 刷牙后要给予零食奖励，以便以后猫能更加配合刷牙。

如何培养猫刷牙的习惯

让猫适应并习惯刷牙需要一个过程，主人不要着急，要循序渐进、有耐心地训练。

1. 在猫心情好的时候，可以先抚摸猫的下巴和脸颊，让猫放松。

2. 可以先轻轻触摸猫的牙齿、牙龈和嘴唇，如果猫反抗要立即停止。隔一段时间后再次尝试，可以在猫没有反抗时给它些零食作为奖励，随后逐渐增加触摸时长。

3. 让猫适应牙膏的味道，可以让它闻一闻或尝一尝牙膏的味道。把牙膏涂在猫的牙齿上，让它逐渐适应。

4. 奖励非常重要，在适应阶段给猫喜欢的零食，或者让猫玩喜欢的玩具，让猫有个好的体验，这样它才会配合主人。

给猫清洁牙齿的其他方法

如果主人用尽办法都不能让猫配合刷牙，还可以使用下面这些方法给猫清洁牙齿。

1.选择漱口水，或者将洁牙粉放进干粮或湿粮中，让猫吃下。这两种方法可以清新口气、清洁牙齿，但是效果不如刷牙，更不能代替刷牙。

2.洁牙饼干等零食或洁牙玩具也可以起到一定的清洁作用，主人可以依据猫的喜好选择使用。但是这两种产品只能起到辅助清洁的作用，不能作为清洁牙齿的主要工具。

3.如果猫的牙结石严重，并患有牙齿疾病，需要洗牙，而且猫在三岁以后最好每年洗一次牙。

🐾 给猫清洗耳朵

猫耳朵的卫生通常会被主人忽视。如果长期不清洗耳朵，里面会累积很多污垢，很容易感染细菌和真菌，引起炎症，还会滋生耳螨。

给猫清洗耳朵的频率

如果猫没有患上耳螨和耳部疾病，只是有些污垢，可以使用洗耳液清洗外耳道，每个月清理 1～2 次，不需要过于频繁，否则会损伤耳道，容易引起细菌感染。

可以用水给猫清洗耳朵吗

不可以。猫的耳道属于半封闭状态，比较脆弱。如果水进入猫的耳朵，会导致耳道内积水，潮湿的耳道容易引起耳部疾病。给猫清洗耳朵需要使用宠物专用的洗耳液。

给猫洗耳朵的工具

给猫清洗耳朵用到的工具有：宠物专用的洗耳液，毛巾或浴巾，弯头镊子，医用消毒棉。

不推荐使用棉签，因为棉签顶部的面积太小，很难将污垢带出来，还会将污垢推入耳道深处。另外，猫在洗耳朵时如果挣扎，棉签很容易戳伤它的耳朵。

如何让猫配合洗耳朵

1. 洗耳朵前，先用手按摩猫的耳根位置，即在猫耳朵后面的凹陷处打圈按摩，猫会觉得很舒服，不会反抗。

2. 在猫反抗时，可以使用毛巾或浴巾将猫一层一层地卷起来，只露出头部。猫无法活动四肢，就不能挣扎逃跑、抓伤主人。但不到万不得已不推荐使用，这种方法只能让猫更抗拒洗耳朵。

3. 还可以挑选猫疲惫的时候给猫清洗耳朵，这个时候的猫不会出现太强的抗拒。

给猫清洗耳朵的步骤

1. 清洗前，轻轻提起猫的耳朵，查看耳朵里是否有分泌物，分泌物比较多的时候需要清洗耳朵。如果猫的耳朵比较干净，没有油垢之类的东西，可以不用清理。

2. 将猫放在合适的位置，比如放置在自己的腿间固定好，安抚好猫的情绪，可以给它些零食，让它放松。

3. 戴上手套和口罩做好防护，将猫的头部倾斜着固定住，手指轻轻地将猫耳朵向外翻。

4. 将洗耳液滴入猫的耳朵后，让猫的头部保持朝上的姿势，轻柔地按摩猫的耳根处 30 秒左右，这时候能够听到耳朵里传来

"噗叽噗叽"的水声。

5. 松开手让猫自行甩出耳朵里的污垢和洗耳液。

6. 如果猫的耳垢很多，可以重复多次，直到清洗干净为止。

7. 用镊子夹住消毒棉擦干净残留在外耳道的污垢和洗耳液，可以从外向内慢慢地清理，可以用灯光照明，以免戳伤猫的耳道。

8. 洗完后，奖励猫一些喜欢的零食，让它更配合。

如果主人不会给猫清洗耳朵，或者猫的反抗很激烈，主人无法控制时，可以带猫去医院，由医生清理。

🐾 经常护理猫爪

猫爪是猫身体很重要的部位，猫的日常活动都离不开它，很容易藏污纳垢。

猫每天使用猫砂盆，爪子难免会沾上粪便和尿液，爪垫里还可能会嵌入小颗粒的猫砂。

如果猫喜欢在家里到处探险的话，爪子更容易弄脏，或是接触到细菌和病毒，或是被各种异物卡住。比如，有的猫喜欢踩花盆里的泥土，有的猫喜欢藏在床下或沙发下，甚至有的猫喜欢玩马桶里的水。

所以给猫爪清洁消毒十分重要，这样既能避免卡住的异物弄伤猫爪，又能避免猫在舔舐爪子时将细菌、污物吞下肚子，危害身体健康，还能避免猫在家里活动时弄脏地板和床单，甚至传播细菌、病毒和寄生虫。

日常清洁

1. 猫的趾甲和爪垫里很容易卡住异物，主人在清理猫爪子前要先仔细检查是否有异物，如果有需要轻轻地用镊子取出。

2. 如果猫爪只是有污渍的话，主人可以在加入宠物专用沐浴露或其他清洁用品的水中进行清洗。不要使用肥皂、洗手液等人用的清洁用品。清洗干净后，用毛巾将猫爪擦干净，然后使用吹风机开低档吹干。

3. 如果没有可见的污渍，主人也可以使用宠物专用湿纸巾（不含乙醇的婴儿纸巾也可以）清洁。

4. 如果猫爪上沾染了清洗不掉的东西，比如胶类物质，可以使用剃毛刀剔除这些东西。

防止猫爪变脏的方法

1. 准备猫抓板，可以让猫通过抓挠来清洁爪子。

2. 要及时更换猫砂，定期给猫砂盆消毒。

3. 还可以购买猫砂垫，放在猫砂盆旁边，方便猫在离开猫砂盆时用垫子擦脚，去除残留的粪便和尿液。

修剪趾甲

猫的趾甲太长时容易受到损伤，也会抓坏家里的物品，主人可以根据趾甲的生长长度修剪趾甲。

1. 首先，让猫背靠着自己，将其固定在自己的怀里，不要让猫随意挣扎。

2. 轻轻地捏住猫的爪垫，将趾甲挤压出来。

3. 找到趾甲上的血线（粉红色部分，是血管和神经），在远离血线的位置用猫专用的圆弧形趾甲剪剪掉前端的尖头就可以。

4. 修剪完趾甲后，同样要给予零食奖励。

不推荐用毛巾或浴巾包裹的方式固定猫，这样不仅会增加猫对剪趾甲的恐惧，在挣扎的过程中，还容易被伤到。不过主人可以在猫熟睡时偷偷地剪，这样就不会招致猫的嫌弃。

伤口处理

猫的爪子有损伤时，需要先用生理盐水等清洗伤口，然后用碘伏给伤口消毒。如果猫的伤口感染得很严重，需要及时去医院治疗。

🐾 给猫清洁鼻子

正常情况下猫鼻子是干净、湿润、粉色的，但猫经常用鼻子到处嗅闻，本来就很湿润的鼻头容易沾上灰尘等脏东西。猫在吃完食物后，鼻子上会沾上食物残渣。此外，猫眼睛中的泪液流进鼻子后，如果遇到空气中的灰尘，干涸凝固后会成为黑褐色干硬的鼻屎。

如果鼻子长期不清洁，就会导致污垢积累，甚至使毛发氧化变色，所以给猫清洁鼻子是必要的。

清洗鼻子的方法

1. 让猫仰躺在主人的膝盖上，抓住猫的前脚，固定住它的身体。

2. 如果只是尘土，主人用湿纸巾擦干净即可。

3. 如果清洁猫的鼻腔，可以用蘸有生理盐水的棉球或棉签，在鼻孔处由内向外擦拭来带出分泌物，动作要轻柔快速。用棉签的话，不要过多地伸进鼻子里，以免戳伤鼻子。

4. 如果分泌物粘在鼻子上，主人可以先用生理盐水将分泌物软化后再清理干净，不要用手将分泌物硬抠下来，容易伤到猫的鼻子。

5. 如果猫鼻腔里有大量分泌物，同时伴有打喷嚏、咳嗽、流鼻涕、食欲不振等症状，可能是呼吸道感染，建议主人尽快带猫去医院诊断并治疗。

猫的鼻子不需要经常清洗

一般来说，会通过用舌头舔舐来清理鼻子，也可以自行把分泌物通过打喷嚏的方式喷出来，不需要主人频繁清洗。

而且，猫的鼻子上分布着很多嗅觉细胞，如果经常清洗的话，会妨碍猫的嗅觉，还可能增加生病的概率。

🐾 正确给猫洗澡

我们知道，猫很爱干净，每天都会花时间自己舔舐清洁毛发，那么，还需要给猫洗澡吗？多久洗一次合适？如何洗？

多久给猫洗一次澡

一般6月龄前的猫，体质较弱，不建议洗澡。特别是出生3个月内的幼猫，不要洗澡。打过疫苗后，6月龄以上的猫可以洗澡，但洗澡次数也不宜多。因为猫皮肤上分泌的油脂对于皮肤和被毛有很好的保护作用，洗澡次数过多，油脂被清理掉，被毛就会变得粗糙、脆弱没有光泽，会引发皮肤炎症，也会影响猫的美观。而且绝大多数猫不喜欢洗澡也不适应洗澡，如果猫咪不脏的话能不洗就不洗。

一般建议干净的短毛猫每 3 个月洗一次。长毛猫由于自身清洁能力差，毛发容易沾染污渍，洗澡频率要高点，夏天每个月洗 2 次，冬天每个月洗 1 次就够。

如果猫咪十分抗拒洗澡，甚至有严重的应激反应，可以考虑使用干洗剂，不需要用水冲洗，自然风干就可以。而且好的干洗剂除了清洁毛发，还有抑菌的效果，能够清洁因油脂分泌过多出现的黑下巴、种马尾。

另外，如果猫患有皮肤病，需要使用宠物专用的药浴沐浴露清洗毛发，洗澡次数可以咨询医生。

为什么不要经常给猫洗澡

1. 猫的皮肤经过进化能够分泌出一种油脂，这种油脂能够保护猫的皮肤不受细菌侵害。频繁地给猫洗澡会将这层油脂破坏掉，降低皮肤的弹性，使毛发脆弱，细菌容易侵入皮肤，增加猫患皮肤病的风险。

2. 猫喜欢晒太阳，阳光能够在毛发上生成维生素 D，猫通过舔毛可以吸收这些维生素 D，促进身体对钙和磷的吸收。频繁地洗澡会影响猫获取维生素 D，导致缺钙。

3. 猫的祖先生活在沙漠和草原地带，习惯于干旱的环境，所以大部分猫天生怕水。

什么情况下不能给猫洗澡

1. 刚进入家庭的猫还在适应阶段，情绪还不太稳定，对主人和环境都没有信任感，这个时候强迫猫洗澡，会激起猫强烈的反抗。

2. 猫在生病时抵抗力会下降，这个时候洗澡容易加重病情，还可能引发其他疾病。

3. 发情期、怀孕期的猫，情绪不稳定，很容易烦躁，这个时候要避免给它们洗澡。

4. 猫在接种疫苗和做完驱虫后身体免疫力会降低，这个时候洗澡容易生病，最好间隔一到两周再洗。

5. 在阴冷潮湿的环境下给猫洗澡，容易让猫感冒，还容易滋生猫癣。

洗澡的步骤

1. 修剪趾甲。提前 1 ~ 2 天修剪趾甲，尽量减少应激反应。猫在洗澡时会因为紧张而抓人、咬人。主人可以在洗澡前剪掉猫趾甲，还可以给猫戴上伊丽莎白项圈，防抓咬的手套也能保护主人免受猫的抓伤。

2. 梳理毛发。在洗澡前可以用梳子将猫的毛发梳顺，尤其是长毛猫，梳顺后可以增加猫咪洗澡时的舒适感。

3. 布置环境。环境要尽量温暖、安静，可以选择水槽、浴缸，或者深的洗脸盆。在底部铺上毛巾可以方便猫咪站立，减少不安情绪。提前打开沐浴液的瓶盖，尽可能地缩短洗澡时间。准备 3 ~ 4 条干毛巾，尽量擦干毛发，缩短吹风机的使用时间。

4. 调好水温。提前调好水温，保证既不烫手，又和猫咪体温差不多，即 40℃左右。

5. 开始洗澡。如果使用花洒，要将水流调到最小，减少声音对猫咪的刺激；如果是泡澡，水位到达猫咪的胸部即可，以减少猫咪对水的恐惧感。打湿除头部以外的毛发，用宠物专用沐浴露清洗。

6.吹干毛发。用干毛巾尽可能擦干毛发，缩短吹风机的使用时间。如果猫咪对吹风机反应强烈，要放弃使用，将猫咪放在温度合适的房间内，让其毛发自然晾干。

除了洗澡，如何让猫保持干净

1.猫的体表有轻微污渍的话，主人可以使用毛巾擦拭干净。

2.用猫专用的干洗剂、干洗粉等干洗的方式也可以替代水洗。

3.给猫梳毛能够去除污垢，增加毛发的整洁和光泽，还能促进猫的血液循环，加深主人与猫的感情。

4.做一个勤劳的主人，保持好居室卫生。

🐾 定期给猫梳毛

除了无毛猫，其他品种的猫都有一身毛。虽然猫可以自己打理，但是给猫梳毛还是有很多好处的。

梳毛的好处

1.梳毛有利于减少猫患毛球病的风险。猫有舔舐毛发的习惯，随着舔舐，掉落的毛发就会被吞进肚子，积累在胃肠中，如果不能及时排出，就会出现呕吐等症状，很容易患上毛球病。

2.长毛猫的毛发很容易打结，定期梳理可以保持毛发顺滑。

3.梳毛能够促进皮肤和毛发健康。梳理时还可观察猫的身体健康状况，是否有皮肤病、寄生虫或外伤等，以便及时发现并进行治疗。

4. 经常给猫梳毛能增加主人和猫之间的亲密度，有助于培养良好的关系。

5. 定期梳理毛发可以减少飘浮在空中或者掉落在地板上的毛发，有助于维持环境整洁。

梳毛的频率

给猫梳毛的次数不要太多，短毛猫可以每周梳理 2 ~ 3 次，长毛猫为了防止打结，可以每天梳 1 次。猫在换毛期时掉毛量会增加，可以每天梳 2 次。

梳毛的注意事项

1. 时间控制在 15 分钟左右。虽然大多数猫比较享受被梳理毛发，但梳毛的时间太长会引发它的烦躁情绪，进而抵触梳毛。

2. 梳毛的动作要轻柔。否则猫会感觉疼痛，还可能会让猫的皮肤受伤。

3. 如果遇到打结的毛发，不要强行梳开，可以将打结的毛发剪掉。

4. 梳毛时要顺着毛发的生长方向梳理，不要逆着梳，否则猫会因为疼痛而攻击主人。

5. 选择合适的梳子，梳齿末端圆滑的梳子最合适，能够避免刮伤猫的皮肤。

6. 如果猫抗拒梳毛或比较好动，主人可以分几次完成梳理，逐渐让猫适应。

如何选择梳毛工具

长毛猫体表的毛发比较厚重，梳毛时需要梳子穿透毛发到达底层，所以适合梳齿较长的梳子，比如排梳。

短毛猫可以使用梳齿较短的梳子，比如不锋利的针梳、贝壳梳和硅胶梳等。

不同梳子的优缺点不同，具体参照表1-6。

选择合适的梳子　表1-6

梳子种类	作用	优点	缺点	适合哪种猫
排梳	梳齿间距不等，有的带有手柄。用于打开毛结和去除浮毛	只要是不太严重的打结，排梳都可以慢慢梳开	去毛效果一般，容易飞毛	基本上适合所有猫，尤其适合长毛猫
针梳	用来梳理又轻又细的浮毛，让毛发通顺，防打结	去毛效果很好		适合毛发多且蓬松的猫。短毛猫可以选择梳齿不锋利的针梳
贝壳梳	可以有效去除猫身上的浮毛	梳齿软硬适中，有很好的抓毛力，不容易飞毛，且猫的舒适感会更好	去毛效果不如针梳	适合短毛猫
硅胶按摩梳 / 手套梳	除了去除浮毛，还有很好的按摩效果		飞毛严重，只能去除体表的浮毛，不能去除底层脱落的毛发	适合短毛猫

梳毛的方法

1. 先从猫容易接受的部位开始梳理，比如脸颊、头顶。

2. 主人可以从头顶到脖颈到背部，再向后延伸到臀部，顺着毛发的方向梳理。

3. 如果是长毛猫，在梳理后背的时候，应该将被毛左右分开梳理。

4. 梳理腹部时可以将猫的肚皮朝上，抱在怀里，一只手握住猫的前腿，从胸部向腹部梳理。猫的腹部属于敏感部位，主人要轻柔快速地梳理完。如果猫反抗很激烈，主人要及时停止，安抚它的情绪。

5. 长毛猫的耳朵后侧和腋下的毛发容易打结，可以使用排梳梳理。

6. 完成梳毛后，主人可以使用拧干的湿毛巾擦一擦猫的身体，清理掉残留在体表的浮毛。

🐾 如何驱除跳蚤

跳蚤是宠物常见的体外寄生虫，寄生在猫身上，叮咬吸血，会导致剧烈瘙痒、过敏等。同时，猫身上的跳蚤还会转寄生到人身上，传播各种病菌，严重时能够传播鼠疫杆菌。

跳蚤的习性

1. 跳蚤是一种很顽强的寄生虫，它的繁殖速度很快。如果条件适宜，从虫卵到幼虫再到成虫，15天即可完成。成虫每天可以产 50 粒虫卵。

2. 跳蚤有很强的活跃性。宿主活动过的地方都可能存在虫卵和幼虫。幼虫可以隐藏在任何阴暗的地方，比如地毯、地板缝隙、沙发、猫窝等。

跳蚤对猫的危害

1. 猫舔舐毛发时，可能会把跳蚤吃进体内，从而把跳蚤身上携带的病菌和其他寄生虫幼虫也吃进去，会危害身体健康。

2. 跳蚤的幼虫和成虫会吸食猫的血液，严重时会造成猫贫血，身体虚弱，营养不良。

3. 猫被跳蚤叮咬后经常抓挠皮肤会引起皮肤疾病，如果猫不停地舔舐毛发的话，还会出现脱毛的症状。

如何驱除猫身上的跳蚤

1. 要及时使用驱虫药给猫驱虫，还可以佩戴驱赶跳蚤的项圈，或使用宠物用的洗毛剂、喷雾剂、粉剂、药片等。有些灭蚤产品中的化学成分可能会导致猫产生过敏或中毒反应，主人在挑选时可以征求医生的意见。

2. 选择驱虫药时要使用能够杀死跳蚤虫卵、幼虫和成虫的全生命周期的药物，否则会清除不彻底。

3. 经常让猫晒太阳，对清除跳蚤也有帮助。

如何消灭环境中的跳蚤

1. 主人要彻底打扫家中的地板和各种缝隙角落，尤其是猫经常活动的地方，可以使用 84 消毒液或宠物用的消毒剂，将家中所有家具，包括角落擦拭干净，然后喷洒杀虫剂或其他除蚤药品来消灭跳蚤。

2.除蚤药品只能杀灭成虫，想要清除跳蚤的虫卵，可以将家中的衣服和床单、被罩等纺织物用开水洗净后，拿到阳光下暴晒。如果发现有跳蚤卵，还可以使用吸尘器处理。

3.家中要经常开窗通风或使用空气净化器，保证家中没有潮湿的死角。

4.使用吸尘器将猫窝清理干净后，用宠物用的消毒剂进行消毒，再用洗涤剂刷洗猫窝后用清水冲洗干净，拿到阳光下暴晒直到干透。

🐾 给猫做绝育

关于要不要给猫做绝育，一直以来争议不断。反对的人认为猫有生育的权利，人不能剥夺；赞成的人觉得从健康角度看，给猫做绝育利大于弊。

做绝育的好处

1.避免发情带来的困扰。猫性成熟后都会出现发情现象，除了炎热的夏季外，一年四季都可能发情，春季和秋季是发情的高峰期。母猫每隔半个月到二十几天会发情一次，发情持续期三到七天。如果发情后没有交配，长此以往，发情期的间隔会缩短，主人会感觉猫是在不间断地发情。

猫在发情期间会不停嚎叫、乱尿、打斗，甚至跳楼，给猫做绝育能够避免给主人和邻居的生活带来困扰。

2.降低患病概率。给猫做绝育能够降低患生殖系统疾病的概率，像公猫的泌尿系统问题、睾丸癌等，母猫的子宫积液、蓄脓、卵巢癌、乳腺癌等。

给猫做绝育的时间

其实对于猫的绝育时间，并没有准确的说法。一般来说，不打算繁育的母猫的最佳绝育时间为 5 ~ 8 个月，公猫的最佳绝育时间是 7 ~ 10 个月。

有繁育需求的母猫，可以选择在一岁半左右，生完一胎的时候做绝育。

一般不建议在猫发情期间做绝育手术，因为猫在发情期，生殖器官的充血状态容易导致手术出现大出血，增加手术难度和时间。最好等到发情期结束后 7 ~ 10 天再绝育。

公猫和母猫的绝育手术不同

公猫和母猫的生理结构不同，所以绝育手术的难易程度也不同。公猫的绝育更简单，恢复得更快；母猫的绝育更复杂，手术时间更长，恢复也更慢。

1. 公猫做绝育手术需要将两侧的睾丸摘除，手术时间不长，一般不需要缝合。但是如果猫的睾丸隐藏在体内，就需要开腹将睾丸取出。

2. 母猫做绝育手术，需要直接开腹将子宫和卵巢结扎并取出，之后要缝合伤口。子宫和卵巢要全部取出，否则就算残留一点儿也会让母猫再次发情。

做好绝育前的准备工作

1. 术前的麻醉药会刺激猫的肠胃，使其出现呕吐的现象，为了防止呕吐物阻塞气管引发肺炎或窒息，在术前 6 ~ 8 小时要禁食禁水。

2. 在术前要准备一个干净、结实、尺寸足够大的猫包，也可以使用航空箱。因为猫在术后如果没有醒来或乏力，足够大的空间可以让它平躺，不会抑制呼吸。猫包里还要放一块尿垫，可以承接猫的小便或是伤口渗出的血液。

3. 术前和术后都不适合立即给猫接种疫苗。刚打完疫苗的猫会不太舒服，所以不适合在绝育当天打疫苗。疫苗接种后大概需要两周才能产生抗体，所以最好在打完疫苗两周后再给猫做绝育手术。猫在术后抵抗力会下降，很容易感染病毒和细菌，所以在手术前两周完成疫苗接种，可以保护猫的身体健康。

4. 正规的宠物医院在术前会给猫做身体检查，各项指标合格后才会实施绝育手术。猫如果有既往病史的话，也需要详细地告诉医生。

如何选择注射麻醉和呼吸麻醉

两种麻醉方式各有利弊，主人需要和医生沟通后再理性选择。

1. 注射麻醉：通过静脉或肌内注射。麻醉药物需要经过肝肾代谢排出体外，对肝肾会有一定的影响，苏醒的时间也比较长。

2. 吸入麻醉：麻醉药物通过呼吸进入体内，对肝肾没有太大的影响，手术结束时立刻停药，所以苏醒时间相对较短。

3. 肝肾有问题的猫，或者是年老体弱、病情危重的猫，选择呼吸麻醉会更好。

绝育后避免感染的注意事项

术后一般一周内伤口会结痂，两周左右伤口会逐渐愈合，三周后基本痊愈。所以，给猫绝育后主人要注意以下几个方面。

1.猫在术后会舔舐伤口，很容易造成伤口感染，所以要给猫戴伊丽莎白圈，至少要戴两周，等伤口完全愈合后再摘下。母猫还需要穿手术服，可不戴伊丽莎白圈。

2.术后三天内避免猫剧烈运动。母猫可以放进笼子里一周左右，避免猫动作过大牵拉伤口。

3.如果家里有多只猫，要将术后的猫和其他猫隔离开，以免猫之间追逐打斗、互相舔毛。

4.猫的伤口不能碰水，所以在术后一个月内不要洗澡，不要让猫进入厨房、卫生间等潮湿的地方，以免伤口沾水引起感染。

5.术后三周内避免让猫去室外玩耍，以免伤口接触外界的细菌引起感染。

6.由于膨润土猫砂灰尘比较大，灰尘进入猫的伤口可能会造成感染，可以使用豆腐猫砂、纸猫砂作为替代品。

7.猫生活的环境要保持卫生干燥，垃圾要及时清理，经常通风，给猫一个整洁舒适的恢复环境。

猫绝育后伤口裂开要如何处理

1.公猫的手术不需要缝合，所以出现伤口崩裂的一般是母猫。伤口裂开后如果不及时处理，很容易引起溃烂和发炎，所以出现这种情况时，要及时联系医生，由医生来清理和缝合伤口。

2.重新缝合的伤口需要注意防止感染，可以每天使用宠物消炎药膏，或者用碘伏涂抹伤口。如果伤口感染严重或者出现全身感染，需要给猫口服或注射消炎药。

第二章
猫常见病诊治

🐾 感冒

猫出现流鼻涕、打喷嚏等感冒症状，有可能是普通感冒，还有可能是病毒性感冒。病毒性感冒是猫的呼吸道被病毒感染后的一种严重感冒。普通感冒和病毒性感冒的区别如表2-1。

普通感冒和病毒性感冒的区别　表2-1

区别项	普通感冒	病毒性感冒
症状	流鼻涕 打喷嚏 鼻子干燥、发烫 流泪	流脓鼻涕 打喷嚏 体温升高 咳嗽 眼屎重 口腔溃疡
病因	受凉导致： ①气温骤变 ②空调温度过低 ③洗澡后，猫毛没有及时吹干	感染病毒所致： ①猫疱疹病毒 (FHV) ②猫杯状病毒 (FCV) ③猫披衣菌

用药	可以使用阿感特灵、莫比新、泛昔洛韦等	常见的有速诺、恩诺沙星、多西环素等
传染性	不会传染	会传染
严重程度	如果猫的免疫力好，可以自愈	猫无法自愈，会继发其他疾病，严重时可致死

护理事项

1. 加强保暖。猫比较怕冷，腹部受寒容易感冒腹泻，所以不要让猫直接躺在地板上，也不要让猫睡在风口的地方，天气寒冷时可以在猫窝里放上垫子，给猫盖上毯子。

2. 补充水分。猫感冒后要多喝温水，可以促进新陈代谢，滋润肠胃，帮助排尿。必要时可以用奶瓶或针管喂猫喝水。

3. 补充营养。充足的营养可以提高猫的抵抗力。可以用水煮鸡胸肉、鱼肉等高蛋白的肉类，不要喂食重油重盐的食物，这会让猫无法消化。

4. 注意观察。猫的普通感冒一般在 2 ~ 3 天内恢复，在此期间要注意观察猫的身体情况，如果症状加重，可能是继发了其他疾病，应该及时送去医院治疗，以免延误病情。

🐾 发烧

有人摸猫的耳朵有点热，就怀疑猫发烧了，这不一定准确，因为猫的正常体温比人略高。健康猫的体温在 37.5 ~ 39.5℃，幼年猫的体温会稍微高于成年猫。

临床症状

1. 猫的全身温度增高，尤其是猫耳朵会明显变烫。

2. 猫的鼻子变得干燥，频繁舔鼻子。

3. 猫无精打采、嗜睡、食欲下降，甚至厌食、颤抖等。

给猫测体温

要想确定猫是否发烧，最准确的方法是测体温。测体温的方法有两种：

1. 肛温。肛门测温最准确，可以使用肛门体温计插入肛门1~2厘米，等待2分钟，就可以看到直肠温度。如果温度达到39.5℃或者更高，就说明猫发烧了。

2. 皮温。如果无法测量肛温，皮温也可以。可以在猫的腹股沟，也就是大腿内侧测量温度。皮温比肛温略低，如果大腿内侧的温度超过39℃，意味着猫发烧了。

病因

1. 猫感染细菌、支原体、真菌后可能会引起发烧。

2. 猫感染病毒后也会出现发烧症状，比如猫瘟病毒、猫传腹病毒等。

3. 猫患上流感、肺炎、支气管炎等疾病也会导致发烧。

发烧时怎么处理

1. 猫在发烧后，可以先使用物理降温的方法。使用乙醇擦拭或冰敷猫的爪垫、腹股沟、腹部等部位，帮助猫降温。

2. 给猫提供水分，可提高猫的新陈代谢，有效降低体温。

3. 如果上面两种方法没有效果，猫的体温超过40℃，处于高烧状态，且猫又拒绝喝水的话，要及时带猫去医院进行治疗。

抗生素不一定能够治疗猫发烧

发烧时体温上升其实是一种免疫机制，说明猫的身体在抵抗病毒或细菌。但这并不说明所有的抗生素都能够让猫退烧，因为抗生素不是退烧药，更不能包治百病。

抗生素对于病毒和其他因素引起的发烧无效，也不能对所有病毒都产生效果，只能针对某一种病毒起效，所以在使用前需要确诊发热原因。滥用抗生素，不但不能治病，还会延误病情。

不要给猫使用人用的退烧药

人用的退热药，比如布洛芬、对乙酰氨基酚、小儿退热栓，或者是痛立定、安乃近，都不能给猫使用，因为这些药物中有一些含有对乙酰氨基酚，会导致猫中毒死亡。

🐾 牙吸收

牙吸收，顾名思义，就是牙齿被吸收掉了，全称是猫破骨细胞再吸收病变（FORLs），是猫牙周组织中的破骨细胞因为某种原因被激活，从而侵蚀牙齿，造成牙齿缺损的现象，通常发生在牙龈和牙齿的交界处。

牙吸收是大部分猫都可能会得的一种病，是很常见的猫口腔疾病。随着猫咪年龄的增长，发病率会越来越高。

病程发展

牙吸收在发病初期，牙齿根部有被侵蚀的缺口，但是很容易被牙结石和牙龈的增生组织覆盖，牙齿外观仍然完整，不容易被发现，所以只能通过 X 射线诊断。

一般都是主人发现猫咪进食变慢、食欲下降，甚至牙龈出血，才能判断是口腔出了问题。

当病程发展到中末期时，牙齿会出现缺失或脱落，疾病才会较容易被发现。此时，残留在牙槽骨内的牙根仍会继续刺激牙龈发炎、疼痛，造成猫咪进食困难、食欲下降。

类型

1. 一型牙吸收：猫的牙齿出现缺口和空洞，但是通过 X 射线片可以看到牙周韧带和牙根是完好的。

2. 二型牙吸收：和一型牙吸收相反，这种类型的牙吸收是牙周韧带和牙根全部消失，牙根已经被骨骼组织替代。这种情况单纯从外部是看不出来的，只能通过 X 射线片观察到。

3. 三型牙吸收：一型和二型的结合体，牙齿的牙根一边消失，一边完好，牙齿像一型的情况一样出现缺口。

病因

导致猫患上牙吸收的真正原因目前还不明确，可能的原因有：

1. 猫的口腔环境不卫生，有牙周组织的疾病和炎症。

2. 经常食用低钙食物。

3. 遗传因素也是可能的致病因素。

治疗方法

1. 治疗猫的牙吸收通常采用的方法是拔牙。具体的手术方案，需要医生根据病情的轻重来决定。

2.不建议使用止痛疗法，因为没有可靠的长期止痛药物供猫使用，猫在疼痛的折磨下状态也不会太好。

3.补牙对于治疗猫的牙吸收没有作用，因为猫的牙齿会继续受到破牙细胞的侵蚀。

拔牙后的护理事项

大部分的猫在手术结束后，1～2天就能够恢复正常。猫拔牙后，要根据医生的建议给猫服用抗生素和止痛药来辅助治疗。

猫的牙齿只是用来撕裂食物的，所以拔牙后，不必担心它们无法进食，可以喂食肉泥状的罐头，或者把食物弄成小块，方便它们直接吞掉。

猫为什么不会得蛀牙

由于猫牙吸收的现象和我们认知中人的蛀牙类似，所以经常被误认为是患了蛀牙。事实上，猫是不会得蛀牙的，主要是因为猫的口腔环境独特。

1.猫的白齿是尖的，没有可以滋生细菌的水平咬合面。人的白齿是平的，上面有凹槽，所以在咀嚼食物时，容易存留残渣，进而引发蛀牙。而猫的白齿是尖尖的，没有水平面，而且吃东西时直接将大块的食物撕碎吞食而不咀嚼，所以不容易残留食物残渣，细菌自然无法存活繁殖。另外，猫的犬齿上有条凹槽，作用是猫在撕咬猎物时，血会从凹槽流下来，而不会黏附在牙齿上。

2.猫的口腔环境属于弱碱性，形成蛀牙的细菌很难存活。造成蛀牙的细菌一般喜欢在酸性环境中生长，而猫口腔里的环境是碱性的，不适合细菌存活。而且猫的唾液中缺少能够代谢淀粉的淀粉酶，也就不会将淀粉分解为糖，转化为酸性物质，也就更不会腐蚀牙釉质了。

🐾 牙结石

在猫的口腔疾病中，牙结石最普遍。

猫的牙齿形成牙结石有一个过程，食物残渣存留在口腔，与唾液形成菌团薄膜，覆盖在牙齿上，钙化后就形成了牙结石。

临床症状

1. 如果猫患有牙结石，它的牙齿上会有沉积的牙垢，显示为黄色的沉积物，或者是比较坚硬的棕色沉积物，牙龈红肿。通常，猫的嘴里还会散发出臭味。有些猫还会流口水。

2. 触摸猫的牙齿时，猫会感觉疼痛，无法咀嚼，拒绝吃干粮，只能吃罐头或湿粮，或者停止进食。

3. 严重情况下会出现化脓的症状，引起牙龈炎、牙周炎、牙齿松动。口腔中的毒素会随着血液循环对内脏产生损害。

祛除牙结石的方法

1. 猫有轻度牙垢时，刷牙会有很好的效果，使用软布擦拭也能清洁掉一部分。

2. 猫的牙垢和牙结石可以通过洗牙来祛除，洗牙前需要对猫进行麻醉。

3. 如果猫的牙龈肿胀化脓，要先挤出脓液，再把牙龈冲洗干净。

4.如果发现猫的牙齿严重松动，需要考虑拔牙，防止猫感染其他口腔疾病。

预防牙结石

1.最好的方法是定期刷牙。不要使用人的牙膏和牙刷，要使用宠物专用的牙膏和牙刷，或者使用医用纱布蘸上盐水清洁猫的牙齿。

2.漱口水、凝胶、洁齿水等也可以用来清洁牙齿，但效果有限。

3.选择合适的主粮，不要太软、太细碎。生骨肉、洁牙处方粮、洁牙饼干能让猫通过咀嚼和摩擦牙齿来清除牙齿表面的沉积物，从而预防牙结石的形成。

4.洁牙棒或能啃咬的玩具可以对猫的牙齿起到清洁作用。

5.让猫多喝水，水可以冲洗掉口腔唾液中沉淀的矿物质。

6.定期带猫做口腔检查。

🐾 口炎

猫口炎泛指猫口腔内的一切炎症，涉及猫的嘴唇内外侧、牙龈、舌头及上下颚。猫口炎包括口腔黏膜炎、牙龈炎和舌炎，又称猫口腔炎症。

临床症状

猫的口腔炎属于慢性疾病，随着病情发展会逐步扩散到口腔的各个组织。常见症状如下：

1. 炎症反应较轻时，猫的食欲比较正常，会伴随轻微的口臭，但口腔不会有疼痛感。

2. 炎症初期，猫的牙龈和口腔黏膜出现红肿发炎的现象，会有组织增生的情况。

3. 炎症中期，猫会出现食欲下降、口臭的情况，喜欢吃柔软的食物，唇边会附着深褐色的分泌物。

4. 口腔严重发炎的猫，食欲变差，甚至会厌食，导致体重下降。还会有严重的口臭、流口水的现象，少数猫会有眼周潮红、眼分泌物过多的现象。

5. 因为炎症引发疼痛，猫在进食时会因为疼痛而嚎叫。

病因

口炎的致病因素至今尚不明确，根据目前的研究结果，认为口炎的发病是由免疫因素和感染因素共同导致的。

1. 猫感染病原体后可能引发口炎，最常见的是猫杯状病毒，其他可疑的病毒还有猫白血病病毒、猫艾滋病病毒、猫疱疹病毒等。

2. 猫患有牙科疾病和牙结石。

3. 猫自身的免疫系统功能出现异常时，会产生免疫性疾病，导致猫出现过敏反应，从而引起口腔黏膜的炎症性溃疡和增生。

4. 猫口腔受到机械性损伤，比如被鱼刺、骨刺扎伤，黏膜被烫伤等。

5. 猫的口腔受到化学药品的腐蚀。

6. 缺乏营养，比如缺乏 B 族维生素等。

治疗方法

1.手术治疗：猫口炎目前最有效的治疗方法是手术拔除所有臼齿或全部牙齿，这种方法治愈率比较高。

2.药物常规治疗：如果不考虑拔牙，药物可以暂时缓解症状，常用的药物有类固醇类药物（常用的是泼尼松龙）、抗生素、止痛剂、免疫抑制剂等。

护理事项

猫拔牙后可以进食质地柔软的食物，比如泡软的干粮或罐头等湿粮，也可以把干粮和湿粮混合后搅打成泥状。

特别要注意的是，拔牙后，务必要给猫喂食低敏猫粮或不会引起过敏的品牌粮。

预防方法

1.做好家中的卫生消毒工作，降低杯状病毒的感染概率。

2.经常给猫刷牙，定期洗牙，做好口腔和牙齿的清洁对预防口炎有积极作用。

3.食盆、水盆选择金属或瓷质的，避免使用容易滋生细菌的塑料制品。

猫口臭的原因辨别

导致猫出现口臭的原因有很多，其中最常见的原因如下：

1.最常见的原因是猫的口腔中产生细菌，出现了牙菌斑，导致猫患上牙结石和牙龈炎，引起口臭。

2.另一个常见的原因是猫口炎。慢性口炎除了会让猫有口臭的症状外，还有流口水、进食疼痛、牙龈红肿，而且不只牙龈，口腔内其他部位的黏膜也会红肿，或者口腔的后部会有溃疡和增生的症状。

3. 猫感染了杯状病毒，也会导致口臭。猫感染杯状病毒后会打喷嚏、流眼泪，舌头的前部和边缘还会出现溃疡。

4. 慢性肾衰竭也会导致猫出现口臭的症状。如果猫口臭的同时伴有呕吐、贫血、食欲下降、体重下降等症状，很可能是患上了慢性肾衰竭。

🐾 结膜炎

猫眼泪增多、眼圈发红、频繁抓眼睛等，可能是得了结膜炎。结膜炎是猫的常见眼病之一，幼猫比成猫发病率高。

结膜是一种黏膜，薄而透明，覆盖在猫的眼球、眼睑上。猫的内眼角有第三眼睑，其中也有结膜组织。健康的猫的第三眼睑多数时候是回缩的，不可见。

可能是单眼（单侧）患病，也可能是双眼（双侧）同时患病。

类型

按照时间长短划分，常见类型如下：

1. 急性结膜炎：猫的眼泪过多，初期是水样的分泌物，后期会比较浑浊，变为脓性的黄色或绿色分泌物。猫会频繁抓眼睛。

2. 慢性结膜炎：急性结膜炎感染后一周左右就可能会转为慢性结膜炎。猫的结膜会红肿，有少量分泌物。

3. 急性化脓性结膜炎：猫的结膜充血、水肿，猫会畏光怕疼，出现眯眼或闭眼的情况。

4.慢性化脓性结膜炎：除了流脓外，猫的上下眼睑会粘在一起，结膜会变形。

临床症状

1.流泪、畏光。

2.眼睛红肿。

3.眼屎增多。

4.眼睑突出并覆盖眼球。

病因

1.感染性结膜炎：是指感染细菌和病毒，导致结膜发生炎症，常见病因如下。

（1）病毒：猫疱疹病毒、猫杯状病毒。这两种病毒导致的结膜炎在幼猫身上比较常见。

（2）细菌：链球菌、葡萄球菌等。

（3）其他病原体，比如衣原体、支原体等。

感染性结膜炎会在猫群之间互相传染，所以多猫家庭要做好隔离和消杀工作，防止交叉感染。

2.非感染性结膜炎：病因如下。

（1）猫的眼睛受伤会引起结膜炎，比如猫在活动时眼睛被撞伤，或者打斗时眼睛被抓伤。

（2）异物进入猫的眼睛也会导致结膜炎，如环境中的粉尘、沙子或者花粉。

（3）猫接触了化学物质受到刺激，会继发感染，比如洗发水、挥发性有机化合物等。

（4）有些猫会有眼睑内翻的情况，倒长的睫毛摩擦眼球从而引发炎症。这种情况常发生在波斯猫、喜马拉雅猫和异国短毛猫身上。

（5）猫自身有过敏、免疫性或系统性疾病，也容易出现结膜炎。

治疗方法

1. 先用生理盐水或专用的洗眼液清洗，然后根据医生的建议选择滴眼液或眼药膏。

2. 如果猫的病情严重，有角膜溃疡的情况，需要手术清理创面。

🐾 青光眼

青光眼是一种比较严重的疾病，不仅人会得，猫也会得。

眼睛的睫状体会产生液体，通过瞳孔流出，并在眼前房循环后经过虹膜角膜角排出。如果液体流出受阻，会导致眼内压升高，使视网膜和视神经受压。这种以眼内压升高为特征的疾病就是青光眼。猫患青光眼后如果得不到治疗会导致失明。

临床症状

1. 最主要的症状就是眼睛疼痛，猫的食欲下降，比往常更安静，更喜欢藏匿，走路时会摇晃、磕碰。

2. 猫会眯眼、流泪、畏光，还会抓挠眼睛。

3. 瞳孔对光没有反应，不会扩大，巩膜充血，角膜水肿混浊，眼球增大。

病因

猫患青光眼的原因一般有两种：

1.原发性青光眼：先天性或者遗传性的虹膜角膜角发育异常，这种类型的青光眼常常发生在某些品种的猫身上，比如暹罗猫、波斯猫等发病率比较高。

2.继发性青光眼：猫的眼睛受过外伤，晶状体前脱位，眼内出血，有炎症，晚期白内障、肿瘤等会导致继发性青光眼。

治疗方法

1.如果是青光眼急性发作，通常会采用渗透性利尿剂来降低眼内压，比如甘露醇和甘油。

2.使用降眼压的滴眼液来减少眼液的产生，比如盐酸地匹福林和马来酸噻吗洛尔。

3.手术治疗可以通过埋植引流管或破坏睫状体来减少眼液的产生。

4.症状严重和药物无法治疗的猫，可选择摘除眼球。

护理事项

1.猫在做完青光眼手术后，不要进食高蛋白的食物，吃日常的猫粮就可以，多饮水。

2.给猫洗澡时，要注意不要让水流入猫的眼睛。

3.滴眼药水前要先洗手，不要让手和药瓶接触猫的眼睛。如果要滴两种眼药水的话，中间要间隔5分钟以上。

预防方法

1.定期带猫去医院做体检，可以有效预防青光眼。

2.猫的眼睛不能适应刺眼的光线，特别是夜晚，要让猫去光线柔和的地方休息，不要让猫在光线过于强烈的环境中久留。

3. 牛磺酸是猫不可缺少的营养元素。给猫补充足够的牛磺酸，能够保护猫的视力，降低患眼部疾病的概率。

🐾 肠胃炎

猫的胃口通常很好，但是肠胃却很脆弱，很容易得消化系统疾病，其中最典型的是肠胃炎，即猫的肠胃因为各种原因受到刺激而发生的炎症。

临床症状

1. 轻微症状：呕吐、腹泻，但猫的精神状态和食欲基本不会受到太大的影响。

2. 严重症状：猫会出现便血、发烧、胀气、腹痛、无精打采、食欲不振等症状。呕吐和腹泻如果不及时缓解，会导致猫出现脱水现象。

猫肠胃炎和猫瘟的区别

猫患肠胃炎后可能只是呕吐和腹泻，症状要比猫瘟轻，一般不会便血或只是轻微便血。在治疗三四天后，症状会得到明显的改善，一般不会致死。若猫在患病后没有得到及时的救治，错过最佳的治疗时机，严重时会导致死亡。

猫瘟是由猫瘟病毒，也就是猫细小病毒引起的。患猫瘟的猫会出现发烧、频繁呕吐和严重的腹泻。猫瘟的病程在一周左右，有一定的致死率。

病因

1.非疾病性肠胃炎的病因如下。

（1）饮食原因：主人没有培养猫建立良好的饮食习惯，会让猫出现暴饮暴食、吃饭速度太快、饭后剧烈运动的行为；突然更换猫粮、添加营养补充剂，可能会让猫的肠胃不适应；猫吃了劣质、难以消化的食物或异物，都会引起消化不良导致肠胃炎。

（2）压力原因：猫很容易感受到压力而出现应激反应，从而出现肠胃炎。

（3）受寒原因：猫的腹部如果着凉也比较容易得肠胃炎。

2.疾病性肠胃炎的病因如下。

（1）病毒原因：引起猫肠胃炎的病毒主要有猫瘟病毒、猫冠状病毒、猫艾滋病病毒、猫白血病病毒等。

（2）细菌原因：大肠杆菌、梭状芽孢杆菌等。

（3）寄生虫原因：贾第虫。

（4）中毒原因：猫误食了腐败的食物、有毒的花草、消毒液、化妆品或药物，比如抗生素、类固醇类和非类固醇类药物等。

（5）其他疾病的原因：猫的肝脏、肾脏、胆囊和胰腺患有疾病。

治疗方法

1.如果猫是因为病毒、细菌和寄生虫等原因患肠胃炎，需要使用抗生素、抗寄生虫药、消炎药等。

2.止泻药可以缓解猫的腹泻症状。

3.如果猫出现脱水现象，需要进行输液治疗来补充水分。

4.适量的益生菌可以调理肠胃，让猫恢复健康。

5.如果是饮食原因造成的肠胃炎，可以更换食物，给猫喂食容易消化和低过敏的猫粮，并少食多餐。

护理事项

猫在患肠胃炎的早期，需要通过禁食让胃肠道黏膜得到修复。因为猫在患病期间，胃肠道的功能紊乱，不能正常地消化食物，如果这个时候喂食，会加重消化道的损伤，加重病情，还可能引发胰腺炎。

🐾 胃溃疡

猫的胃溃疡是指胃酸或消化酶对胃内壁黏膜造成的损伤，是消化性溃疡的一种。猫的胃溃疡分为原发性胃溃疡和继发性胃溃疡。

临床症状

1.猫患胃溃疡的典型症状是呕吐，猫会在进食或饮水后不停地呕吐，会吐出胃液、胆汁，甚至会吐血。

2.猫还会出现流口水、口臭等症状，粪便可能成形，也可能是软便或稀便，严重时粪便会变成黑色，表明有便血的现象，还会伴有腥臭味。

3.猫在进食后会因为腹部疼痛而表现出精神不振、食欲下降，继而体重减轻。

患胃溃疡的猫在发病过程中还可能突发胃穿孔。

病因

1.原发性胃溃疡是由原发性胃炎引起的胃黏膜糜烂恶化后导致的。

（1）猫被某些病毒感染后会导致胃溃疡。

（2）猫被某些细菌感染后会导致胃溃疡。

（3）猫摄入某些药品或化学物质，比如阿司匹林、保泰松、皮质类固醇等药物，容易导致胃溃疡。

2.继发性胃溃疡是由继发性胃炎引起的胃黏膜糜烂恶化导致的胃溃疡。

（1）猫患肿瘤时容易继发胃溃疡，比如胰腺非 β-细胞性肿瘤、肥大细胞瘤等。

（2）猫的胃黏膜缺血、贫血和出血时，容易出现胃溃疡。

（3）猫患有肝脏疾病时容易出现胃溃疡。

（4）猫患有慢性肾功能不全时容易出现胃溃疡。

（5）猫的胃内有异物或毛球，导致呕吐时容易出现胃溃疡。

治疗方法

1.如果是继发性胃溃疡，应该先治疗猫的原发病，再治疗胃溃疡，否则胃溃疡很容易复发。

2.对于猫的呕吐症状，可以使用抗呕吐药物。

3.使用抑制胃酸的药物可以减少胃酸引起的黏膜损伤，常见的药物有奥美拉唑、西咪替丁等。

4.可以使用抗生素药物，常用药物有甲硝唑、阿莫西林等。

5.使用胃肠黏膜保护剂来保护猫的胃肠道黏膜，如滑榆皮粉。

6. 猫出现严重呕吐和腹泻时，需要进行输液治疗。

护理事项

1. 给猫喂食柔软易消化的食物，可以使用湿粮或颗粒小的处方粮，也可以将猫粮用温水泡软后再给猫食用，还可以喂羊奶粉。

2. 不要给猫喂食人吃的食物，如油炸、腌制、过咸、过冷、过烫等刺激性食物。

3. 采用少量多次的原则喂食，不要让猫进食过多，否则容易不消化。

4. 给猫补充维生素。

🐾 便秘

猫正常大便的次数是每天 1 ~ 2 次，粪便是深棕色的条状物，松软不干燥，猫能够很轻松地排泄。但是猫和人一样，也会有便秘的情况。

临床症状

猫便秘是猫的消化系统疾病，指的是因为猫的肠道运动障碍或者分泌紊乱，导致肠道里的残渣停滞、变干，造成肠道完全阻塞或不完全阻塞，出现便秘。便秘的猫通常会有以下症状：

1. 猫便秘时会经常去厕所，或者在厕所待很长时间，却没有粪便，或者粪便量少、又干又硬。

3. 猫的排便规律发生变化，很多天不排便。猫在排便时很痛苦，还会大声嚎叫。

4. 猫的食量减少、体重下降。粪便淤积在肠道会使消化道出现炎症，导致呕吐。

5. 猫的腹围增大，在猫的下腹部可以触摸到明显的硬块时，说明猫的便秘情况很严重。

病因

1. 饮食问题，比如猫的食物太干燥，或者其中所含的不溶性纤维成分太高，猫喝水太少等原因。

2. 猫砂盆太脏、位置有问题，或者离开熟悉的环境等原因，猫会因为憋屎而导致便秘。

3. 猫体内有太多毛球，不能排出体外而引起便秘。

4. 猫运动量过少，身体肥胖，也会出现便秘症状。

5. 猫进食过多，导致消化不良和肠胃炎，出现便秘的情况。

6. 猫体内出现炎症造成肠梗阻、肠道肿瘤等也会导致便秘。

治疗方法

1. 使用灌肠的方法促进猫排便，将润滑剂从肛门注入猫的直肠，软化肠道内的阻塞物。

2. 如果便秘情况不太严重，可以把捣烂的南瓜加入猫粮中，增加饮食中的纤维含量。

3. 使用益生菌、乳果糖、化毛膏等，帮助猫润肠通便。

4. 如果是肿瘤导致的便秘，需要做手术将肿瘤切除。

5. 如果猫长期、反复便秘，可能会发展为巨结肠，尤其是老年猫，需要去医院拍 X 射线片确诊。如果确认猫患有这种病症，需要做手术治疗才能解决长期便秘的问题。

预防方法

1. 补充水分可以缓解和预防猫便秘。比如，给猫喂食罐头类的湿粮，使用宠物饮水机让猫喝流动的水，用猫喜欢的味道（鸡、鱼、肉等）给水调味，鼓励猫多摄入水分。

2. 给猫喂食适量富含油脂的鱼类有助于缓解便秘，比如马鲛鱼和三文鱼等。

3. 将猫砂盆摆放在猫喜欢的地方（猫砂盆的个数为猫的数量加1），使用猫喜欢的猫砂类型，以防猫不排泄。

4. 在家中增加猫爬架等玩具，让猫经常运动。

5. 定期给猫打理毛发，特别是长毛猫，防治毛球症。

🐾 乳腺炎

乳腺炎是母猫在哺乳期比较常见的疾病，可能是一个乳头，也可能是多个乳头出现炎症。炎症由细菌或非细菌感染引发，假孕的母猫也有患病概率。

猫患乳腺炎后一般不能自愈，因为乳腺炎会有进一步加重的趋势。如果猫有长期的炎症，还可能会诱发乳腺肿瘤。

临床症状

1. 急性乳腺炎：急性乳腺炎通常表现为猫的乳房和乳头红肿疼痛，局部充血，乳汁难以排出或停止排出。早期乳汁会比较稀薄，后期变为脓状，含有黄色絮状物或血液。病情严重时能够很明显地发现猫发烧，体温高时可以达到40.6℃，食欲不振，精神萎靡，卧地不起，拒绝哺乳。

2.慢性乳腺炎：患慢性乳腺炎的猫全身症状不会太明显，患病的乳房处可以触摸到肿块，乳汁像水一样，量少或没有乳汁，最后乳腺会萎缩。

病因

1.急性乳腺炎：猫的急性乳腺炎通常是由于乳头受伤后被细菌感染所致。幼猫在吸吮乳汁的时候，把母猫的乳头咬破或抓破。伤口被葡萄球菌、链球菌、大肠杆菌或棒状杆菌等细菌感染，引起乳腺炎急性发作。还有一种可能是乳腺中淤积了过多的乳汁。

2.慢性乳腺炎：急性乳腺炎如果没有及时治疗或治疗不当会演变为慢性乳腺炎。猫患慢性乳腺炎时，乳腺的导管会出现闭锁，使乳汁滞留。

治疗方法

1.帮助猫将患病乳腺中的乳汁排出，减轻乳房的压力。

2.猫患乳腺炎后可以肌内注射，或者口服广谱抗生素来减轻炎症。

3.如果猫乳腺里有脓肿，可以使用热敷的办法促进脓液排出，并清洗伤口，缓解疼痛。

4.可以给猫服用维生素 C 片来抑制乳汁分泌。

5.病情严重时，需要手术切除患病乳房。

🐾 膀胱炎

膀胱炎是猫常见的泌尿系统疾病，发作于猫的下泌尿道，并没有特征性的临床症状。

膀胱炎多见于年轻猫和中年猫。公猫和母猫都可能患上膀胱炎，但是母猫比公猫更容易被感染。因为母猫的尿道较短，细菌更容易进入。

膀胱炎容易复发，如果膀胱炎反反复复，会使膀胱内壁增厚，容易形成膀胱癌。

自发性膀胱炎

猫的自发性膀胱炎，是目前还没有明确理论依据可以确定发病原因的膀胱炎，并没有特征性的临床症状，属于猫的下泌尿道综合征中最常见的一种，发病比例高达 50% ~ 60%。

一般当猫表现出尿急、尿频、尿血、排尿疼痛、尿淋漓等临床症状时，就需要对猫咪进行一系列的检查以排查可能的病因。

如果能够排除上述常见的病因，就可以确认是自发性膀胱炎。

临床症状

1. 猫会频繁上厕所，排尿次数增多。经常做出排尿的姿势，但是每次的排尿量很少或呈滴状。排尿时会因为疼痛而嚎叫，并且会舔舐尿道口。

2. 尿液有强烈的氨臭味，尿液会因为混有黏液、血液或血块和大量白细胞而呈现混浊的状态。

3.猫会因为疼痛而减少排尿，出现尿潴留的现象，膀胱会因为积存尿液变得肿大。

4.炎症情况加重时，猫的体温会升高，还会有食欲下降、精神不振的现象。

病因

1.猫的膀胱产生结石和尿道梗阻。

2.猫的尿路出现感染。

3.猫的身体受到创伤。

4.猫自身的生理异常，比如尿道狭窄。

5.猫的尿路出现肿瘤，比如尿路癌或良性肿瘤。

治疗方法

1.排尿疼痛时，可以给猫使用止痛类药物。

2.可以使用修复膀胱黏膜的药物，帮助修复猫受损的膀胱黏膜。

3.可以使用缓解痉挛的药物减少猫膀胱肌肉的痉挛。

4.可以使用抗生素类药物控制继发感染。

5.当猫出现尿闭症状时，可以使用输液疗法补充水分，稀释尿液，根据猫的身体情况放置导尿管进行导尿。

护理事项

1.增加猫的饮水量可以缓解猫的疼痛和炎症，如在多方位置放置水碗、喂湿粮等。

2.给猫喂食泌尿道疾病的处方粮，也可以喂食含 $\Omega-3$ 脂肪酸的食物，抑制细菌，比如沙丁鱼、秋刀鱼及含有鱼油成分的食物。避免让猫食用含镁量高的食物。

🐾 尿石症

尿石症是指泌尿道的任何部位出现了结石，对猫咪而言，临床绝大部分结石会出现在膀胱和尿道，而且容易复发。小的结石通常没有症状，肾结石和输尿管结石也可能没有明显症状。如果结石相对较大，就会出现排尿障碍、尿路发炎，甚至出血。

类型

根据发生的位置不同，尿石症可以分为上尿路结石和下尿路结石。

1. 上尿路结石：肾结石、输尿管结石。

2. 下尿路结石：膀胱结石、尿道结石。

临床症状

猫泌尿道结石的症状可以分为两类：完全阻塞和不完全阻塞。

1. 完全阻塞：猫会频繁上厕所但无尿排泄，排尿时会发出痛苦的嚎叫和呜咽。触摸腹部时能感受到膀胱胀大，有时会排出血尿。猫表现不安、精神萎靡，会频繁舔舐生殖器，会厌食，出现呕吐、脱水的症状。

结石堵塞尿道时，肾脏无法排出血液中的毒素，会引起电解质失衡，产生中毒反应。这种情况如果不在 48 小时内得到及时治疗，猫会昏迷并死亡。

2. 不完全阻塞：猫出现尿频症状，但是尿量不多，或者排出滴状尿液，有可能会出现血尿。猫的精神和食欲比较正常或稍差，但一般不太明显。

病因

1.猫日常的饮水量不足，或者饮食中的水分偏少。因没有足够的水分促进排尿，增加了结石的形成概率。

2.猫年龄增大，运动量减少，或者体形肥胖，不愿意运动，会使排尿次数减少，延长了尿液在身体里的存留时间。

3.给运动量比较小的猫喂食含有过高蛋白质和过高矿物质的食物，会导致猫无法消化过多的蛋白质，导致氨的产生，进而形成结石。过多的矿物质，比如镁离子，也会增加结石的形成概率。

4.猫因为生活环境发生改变产生应激反应，造成内分泌系统失调。

5.公猫在发情时会频繁舔舐生殖器，容易导致尿路感染，增加患尿石症的风险。

另外，公猫的尿道狭窄、曲折，比母猫更容易堵塞，所以更容易患尿石症。老年猫比成年猫更容易患上尿结石。

治疗方法

尿石症的治疗会根据结石的不同位置采取不同的治疗方法。

1.肾结石：肾结石的成分通常是草酸钙，不能用药物溶解。如果没有引起临床症状，可以无须治疗，必要时可以用肾镜取石。

2.输尿管结石：输尿管阻塞需要及时治疗，药物治疗仅对一小部分猫起作用，手术治疗通常使用皮下输尿管旁路或输尿管支架，这两种方法能够降低猫的并发症和死亡率，特别是皮下输尿管旁路。

3.膀胱结石：除了鸟粪石类型的结石（磷酸铵镁结石），可以使用药物溶解。其他类型的结石，最好采用手术治疗。

4.尿道结石：尿道结石通常需要立即采用手术治疗。

如果猫因为憋尿腹部胀大，完全无法排尿，必须在24小时内进行导尿或体外抽尿，否则猫的膀胱会破裂导致大出血和死亡。导尿后，可以通过导尿管向膀胱内注射消炎止痛药，然后根据医生的处方继续进行药物和针剂治疗。

猫患尿结石不能通过多喝水自愈。对猫来说多喝水很重要，体内的毒素可以通过足够的水排出体外。如果猫已经患上尿结石，会因为排尿困难而减少喝水或拒绝喝水，这样会加重病情，引起猫脱水。喝太多水并不能治愈猫的尿结石，如果有问题，建议将猫送到专业的医生那里进行诊断。

☙ 尿路感染

猫的尿路感染是指猫泌尿道的炎症性疾病，在猫身上很常见。尿路感染如果不及时治疗，很容易导致膀胱破裂或肾衰竭，危及猫的生命。

临床症状

猫尿路感染的症状和自发性膀胱炎、尿石症的症状类似。猫会尿频、尿量少、尿血、乱尿，排尿时疼痛大叫，会频繁舔舐尿道口，严重时会尿闭，触摸膀胱会有肿大的情况，还会出现精神萎靡、厌食、呕吐、嗜睡、发热等症状。

病因

1.疾病导致：猫患尿石症会使泌尿系统受到结石的刺激，从而继发感染。另外，猫患肿瘤、糖尿病、膀胱炎、外伤等疾病会导致细菌在尿道和膀胱内大量繁殖，导致感染。

2.细菌感染导致：猫砂盆清理不及时导致细菌滋生，猫接触后很容易被感染。

3.泌尿道结构异常导致：猫的尿道狭窄、膀胱发育不全、瘢痕组织增生容易导致泌尿道感染。

4.手术导致：给猫使用导尿管或进行尿道造口术时，或者公猫在做绝育手术时，如果方法不规范容易造成细菌感染。

公猫的尿道结构狭窄，容易发生尿阻塞。另外，10岁以上的老年猫因为尿液浓度下降，也更容易发生尿路感染。

猫患尿路感染后不能自愈，要及时送往医院进行治疗。

治疗方法

药物疗法

1.使用广谱、敏感性的抗生素药物来抗菌消炎，常用药如速诺。但要遵医嘱，持续用药，否则血液中药物浓度下降，炎症会出现反复，更容易产生耐药性。

2.使用促排尿类药物促进猫排出尿液，比如利尿通等。

3.使用黏膜保护剂来有效地保护尿道及膀胱黏膜，防止炎症刺激泌尿道，减少损伤。

4.如果猫的感染情况严重，需要进行输液治疗。

手术疗法

如果猫的尿道狭窄或出现梗阻的情况，可以使用手术治疗，比如尿道改造等方式。

护理事项

1. 让猫多喝水以促使炎性物质排出体外，降低炎症的程度。多准备几个水盆，并保证猫的饮水新鲜干净，让猫随处都可以喝到水。

2. 喂食可降低尿路感染的处方粮。

3. 喂食蔓越莓补充剂也可以减少尿路感染。

🐾 结肠炎

猫的结肠炎是指猫的大肠部位的慢性炎症性疾病，也是猫的常见疾病之一。如果不及时治疗，严重情况下会导致死亡。

临床症状

猫的结肠炎分为急性结肠炎和慢性结肠炎，症状有区别。

1. 急性结肠炎：急性结肠炎常见的症状是大便次数增加，软便或稀糊状，严重时呈水样，会混有血液、脓液和泡沫，粪便气味腥臭。猫的体温、食欲、精神一般没有明显异常，偶尔有食欲增加的情况。

2. 慢性结肠炎：急性结肠炎转为慢性后，可能会有排便困难、便秘、食欲下降等症状，会引起消瘦、脱水、贫血，甚至各脏器功能衰竭和死亡。

病因

1. 细菌感染：猫吃了变质的食物后，会引起结肠炎。

2. 寄生虫感染：猫的肠道内如果感染了寄生虫，比如绦虫、钩虫等，也是常见的患病原因。

3. 食物过敏或不耐受：不同的猫对不同的食物有不同的过敏反应，另外，猫对牛奶也会产生不耐受的反应。

4. 药物不耐受：猫对某些抗生素类药物，比如阿司匹林等会产生肠道紊乱的症状。

5. 饮食习惯改变：一些猫的肠道比较脆弱，如果突然改变了饮食习惯，或者换了猫粮也容易导致结肠炎。

6. 病毒或疾病：猫感染了某些病毒或自身有其他疾病也容易引起结肠炎，比如猫免疫缺陷病毒、猫白血病病毒、胰腺炎等。

治疗方法

1. 使用抗生素消炎抗菌，可以口服或注射庆大霉素等。

2. 使用糖皮质激素类药物，比如口服或注射地塞米松等。

3. 猫的便血情况严重时，可以使用卡巴克洛注射液。

4. 猫出现脱水症状时，进行输液治疗。

5. 如果猫是因为感染寄生虫患上结肠炎，需要使用相应的驱虫药驱除体内寄生虫。

护理事项

1. 猫患慢性结肠炎后，需要进行饮食调理，限制猫的食量和喂食次数。可以给猫喂食容易消化、营养丰富的食物，比如肠道处方猫粮。

2. 如果猫对某种食物过敏，需要及时更换其他食物饲喂，避免猫出现过敏反应。

🐾 贫血

猫的贫血指的是血液循环中的血红蛋白和红细胞的总数低于正常值。非常严重的贫血会导致猫死亡。猫的贫血最开始很难被发现，当被发现时情况已经比较严重了。

临床症状

1.健康的猫鼻头、爪垫、牙龈和黏膜呈粉红色，贫血时会发白。有些品种的猫鼻头和爪垫是黑色的，不好分辨，那么可以看牙龈是否发白。如果牙龈没有血色，说明猫有贫血症状。

2.贫血初期的猫会比较安静，不爱活动，后期会嗜睡，毛发暗淡无光，大量掉毛，身体虚弱，体重明显下降。

3.贫血严重时猫会整天昏睡，不能站立，运动时呼吸频率加快，心动过速或过缓，免疫力差，经常生病。

病因

1.营养不良：猫吃的食物不能满足身体需要，长期下来就会导致贫血。猫体内缺乏蛋白质、铁元素、铜元素、锌元素、维生素 B_6、维生素 B_{12}、叶酸等营养元素，很容易引起贫血。

2.失血过多：猫的身体受到外伤，肝、脾等内脏器官破裂，手术引起的血管损伤等引起贫血。

3.肠胃吸收不好：猫的肠胃脆弱时，营养不能被身体吸收，也会引起贫血。

4.感染寄生虫：猫感染了体外寄生虫（比如跳蚤、虱子、蜱虫等）和体内寄生虫（比如蛔虫、血液寄生虫），都会导致猫出现贫血症状。

5. 传染病和其他严重疾病：猫感染了猫瘟病毒、猫传染性腹膜炎病毒、猫白血病病毒、猫免疫缺陷病毒时会引发贫血。

6. 中毒、X 射线照射等，会让猫的骨髓造血机能发生障碍。

治疗方法

治疗猫的贫血需要由医生确定病因后才能对症治疗。

1. 由寄生虫引起的贫血，要给猫使用适当的体外和体内的驱虫药物，血液寄生虫需要由医生进行专业的治疗。

2. 猫中毒引起贫血时，要及时送到医院治疗。

3. 猫贫血症状严重、有急性溶血现象，或因外伤有急性出血时，需要输血治疗。

4. 使用补血药物或铁剂给猫补铁，比如液态的乳酸亚铁更容易被猫吸收。同时补充促进铁吸收的铜元素、锌元素、维生素 B_6、维生素 B_{12}、叶酸等营养元素。

护理事项

1. 对于营养不良造成的贫血，可以通过调整饮食的方法改善。猫体内的血红细胞需要蛋白质进行合成，所以给猫补充蛋白质非常重要。每周可以给猫喂食一些牛肉、羊肉、鱼肉、鸡肉、或鸡肝、鸭肝等动物肝脏，有补血的效果。

2. 选择猫粮和猫罐头时要注意查看成分表。

预防方法

1. 阳光不仅能够让猫吸收更多的微量元素，还能增加毛发的光泽度，促进骨骼发育。主人可以让猫多晒晒太阳。

2. 洋葱、葡萄、咖啡、巧克力、水仙花等会导致猫中毒，所以不要让猫误食，特别是洋葱，会引起猫严重贫血。

第三章
猫常见的传染性疾病

🐾 猫耳螨

猫耳螨是猫身上比较常见的一种体外寄生虫，最常见的种类是耳痒螨和耳疥螨，它们会侵入猫的外耳和耳道，以耳朵中的表皮残渣和耳垢为食，传染性很强。

临床症状

1. 猫耳朵里有大量棕褐色或黑褐色的蜡状或硬皮状的分泌物，有点类似于咖啡渣。

2. 耳螨进食时会刺激猫耳道的上皮细胞，使猫感觉耳朵奇痒无比而频繁地抓挠皮肤，严重时猫耳朵和耳背处会有破皮、结痂、掉毛的现象。

3. 猫会频繁地摇头、甩头，试图把耳朵里的东西甩出来。

4. 猫耳朵会有异味，甚至是恶臭味。

感染途径

1. 猫的耳朵内堆积过多分泌物，长期得不到清洁会导致耳螨滋生。

2. 猫的耳朵进水，耳道内温暖潮湿的环境很容易滋生耳螨。

3. 已经感染耳螨的猫或狗会通过玩耍接触，将耳螨传染给健康的猫。

诊断方法

主人可以根据猫的耳朵状况和异常行为，来初步判断猫是否可能感染。但是螨虫体积太小，肉眼无法识别，主人最好带猫去宠物医院做相关检查。医生会使用耳镜，或者用显微镜观察收集到的耳朵分泌物，以确定是否有耳螨。

治疗方法

1. 先用洗耳液清洗外耳道可见的黑褐色污垢，清理干净后使用耳可舒、洁耳舒等除螨药膏。

2. 使用猫专用的驱虫药、项圈等。

3. 如果猫耳螨严重，建议去宠物医院注射除螨针剂，然后再搭配除螨驱虫药、项圈等使用，效果会更好。

4. 耳螨的生命周期大约为三周，所以治疗需要三周以上，不要随意停药。

5. 如果三周以上没有治愈的话，需要检查是否继发真菌感染，如果有的话，需要使用杀菌抗感染类的药物。

哪些猫容易患耳螨

任何品种、任何年龄阶段的猫都容易被传染，尤其是幼猫。

🐾 猫鼻支

猫鼻支的全称叫"猫病毒性鼻气管炎"，也叫作"猫传染性鼻气管炎"，有些像人的肺炎。它是由猫疱疹病毒引起的一种传染性很强的疾病，感染后大部分猫会终生携带病毒。这种病容易反复发作，每年的春秋和寒冬是爆发期。

临床症状

1.全身症状：体温升高，怕冷，嗜睡，看起来无精打采，食欲不振，不爱饮水，有脱水现象。

2.口腔症状：与疱疹病毒相比，杯状病毒引起的口腔问题更明显和严重，比如口腔溃疡、牙龈发红、流口水、难以进食。

3.眼睛症状：眼睛发红、流泪，并发结膜炎。

4.鼻子症状：打喷嚏，流清水样鼻涕，嗅觉能力下降。

5.其他症状：如果猫感染的是杯状病毒，会引起关节问题，导致跛行综合征。

猫鼻支即使被治愈，猫疱疹病毒和猫杯状病毒也会终身携带。各种应激因素，如天气变化、搬家、交通运输等，都可能使潜在的病毒被激活。如果猫免疫力低下，就会反复发作。

感染途径

猫鼻支具有很强的物种特异性，只在物种之间传染，即只传染猫，其传播途径如下：

1.健康的猫通过接触患病的猫，如它的口、鼻、眼睛的分泌物后会感染病毒。

2.飞沫传播：在静止的空气中，即使相隔 1 米的距离，健康的猫都会被传染。

3.康复后的猫体内会长期携带病毒，所以健康猫接触这类猫或它的分泌物也会感染病毒。

被猫疱疹病毒感染后的猫在出现症状之前有 2～5 天的潜伏

期，潜伏期间，虽然没有症状，但依然可以感染其他猫。

病因

引发猫鼻支的病原体有以下几种：

1. 病毒：猫疱疹病毒和猫杯状病毒（也叫卡西里病毒），具有超强感染性，是最常见、比较严重的一种呼吸道疾病。

2. 细菌：波氏杆菌和猫披衣菌。猫披衣菌主要引起猫的眼睛感染，常与疱疹病毒、猫杯状病毒合并感染，侵害猫的上呼吸道。

3. 其他：衣原体和支原体。衣原体主要引起上呼吸道感染和眼部感染，大约有 30% 的慢性结膜炎是衣原体感染造成的。衣原体开始是从猫肺炎中被鉴定出来的，所以一度被称为"猫肺炎"。相比猫疱疹病毒和猫杯状病毒，衣原体感染并不常见。

诊断方法

宠物医院常用 PCR 检测方法，阳性结果代表是由猫疱疹病毒所引发的。

治疗方法

1. 猫鼻支没有特效药可以使用，基本上会口服或注射抗生素类药物，常见的有宠物用的速诺、恩诺沙星、多西环素等，使猫自身的免疫系统保持平衡。

2. 猫鼻支引起的结膜炎，可以使用抗病毒的专用眼药水，比如阿昔洛韦滴眼液等。

3. 抗病毒治疗时可以使用干扰素类药物，比如口服的泛昔洛韦。

4. 补充赖氨酸。如果猫身体缺乏赖氨酸，会更容易感染猫鼻支等上呼吸道疾病。由于猫自身不能产生赖氨酸，所以需要通过日常饮食或补充剂摄入。如已患猫鼻支，可以在药物治疗的同时，将赖氨酸用品加入药物或食物中搭配使用。

5. 如果猫咳嗽或呼吸困难，可以使用抗生素类药物做雾化治疗，以缓解症状。

猫疱疹病毒的环境消杀

1. 一般的消毒剂，如含有二氧化氯、次氯酸成分的消毒产品，就能够杀死猫疱疹病毒。消杀对象不仅是猫的专属物品，家里的地板和家具也要用消毒水擦拭。

2. 猫疱疹病毒比较脆弱，喜欢阴冷潮湿的环境，在体外存活时间不超过 24 小时，干燥条件下可以在 12 小时内灭活，所以保持高温干燥的环境很重要。

哪些猫容易患猫鼻支

1. 群居的猫，比如猫舍、救助站等地方，很容易交叉感染。

2. 未接种疫苗的猫。

3. 免疫力不足的幼猫和老年猫。

4. 感染免疫缺陷病毒或接受免疫抑制治疗的猫。

猫感染疱疹病毒后适合繁育吗

怀孕母猫感染猫鼻支后除了上述症状外，还会有流产的可能。即使母猫痊愈，分娩和泌乳也会激活病毒，让母猫再次出现症状，并且会传染给幼猫，幼猫会在断奶后出现症状。所以母猫在感染后建议做绝育手术。

猫莱姆病

莱姆病是由伯氏疏螺旋体细菌引起的传染病，最早在美国康涅狄格州的莱姆镇被发现。它由蜱虫叮咬引发并传播，是人畜共患病。不过，目前没有证据显示人接触患病的动物后会被传染。猫患莱姆病的概率比较低，但是一旦感染可能会非常严重。

临床症状

猫感染后会在一个月之内出现初步的异常反应。

1. 莱姆病最常见的症状是由关节发炎引发的四肢跛行。猫会四肢疼痛，走路僵硬，背部呈弓形。症状消除后，长期的关节疼痛仍然可能会持续存在。

2. 猫的体温异常升高，食欲减退，呼吸困难，昏睡。

3. 被叮咬的部位淋巴结肿大。

如果不及时治疗，猫莱姆病会引起继发症状：可能导致肾小球肾炎、肾小球功能障碍，最终导致肾功能衰竭。并伴随呕吐、腹泻，体重下降，排尿和口渴增多，腹部出现积液，腿部皮肤出现组织液积聚等症状。

感染途径

蜱虫叮咬传染。蜱虫一般活跃在树林、灌木丛、草地等植物茂盛的地方，猫在这些区域活动时，蜱虫会附到猫身上。主人带猫出门时，尽量远离草丛浓密、枯叶堆积的区域。如果无法避免与草地、树丛的接触，可以在出门前使用含有非泼罗尼成分的喷剂（如福来恩）喷洒猫的腿脚、下腹部、头部等部位。其他动物感染了蜱虫后也可能会传染到猫身上，比如狗。

避免感染莱姆病的关键是避免感染蜱虫，可以做到以下几点。

及早发现蜱虫

蜱虫的体型较小，没有吸血的时候可能只有 2 毫米大小，像干瘪的绿豆或极细的米粒，吸饱血液后会膨胀很多倍，像饱满的黄豆般大小，大的可达指甲盖大。

主人要经常检查猫的体表是否存在蜱虫，尤其是在猫外出回家后，特别是长毛猫，要扒开毛发仔细检查。发现蜱虫后及时处理有助于防止传播。

蜱虫繁殖季节通常是从 4 月到 9 月，即春夏季活动较为频繁，所以这个时期要注意防范，尽量不让猫外出。

蜱虫的处理办法

1. 发现猫被蜱虫叮咬后要及时寻找专业的医生清理。因为受到刺激的蜱虫会大量吐出唾液，增加感染风险。

2. 如果我们自己摘除蜱虫，要注意不要硬拔。可以先用乙醇麻痹蜱虫，或者用擦脸霜封住蜱虫令其窒息，然后用镊子夹住蜱虫的头部，均匀用力向上拔出来。因为蜱虫的口器呈倒钩状，如果生拉硬拽很容易残留在猫的皮肤里，引发感染。

3. 蜱虫在猫身上的最初 4 ~ 6 小时不会吸血，这时使用喷雾剂或药浴可以有效杀死蜱虫，但一定要在宠物医生的指导下进行，因为误用会对猫造成伤害。

4. 拔除蜱虫后，要给伤口进行彻底消毒。

5. 如果猫被叮咬部位出现发炎、红斑等症状，要立即就医。

治疗方法

1. 目前还没有猫莱姆病的相关疫苗，也没有更有效的直接疗法。治疗大多采用抗生素来改善相关症状。

2. 如果有继发性肾病，通常需要更长时间的抗生素治疗，或联合其他药物治疗。

❖ 猫肠道冠状病毒

猫肠道冠状病毒是由肠道冠状病毒引起的一种肠道传染病，多由粪便传播，偶尔也可由唾液等传播，单猫饲养家庭的感染率为12%，多猫家庭的感染率可达87%。但它的环境抵抗力较差，大多数消毒剂都能将其杀灭。

猫肠道冠状病毒不会在不同物种之间传播，既不会在猫和狗之间传播，当然也不会传染给人。

临床症状

一般情况下，猫感染后多呈亚临床感染，即没有明显的临床症状，难以察觉。或者引起轻微的肠道疾病，比如呕吐、腹泻、发热，不会出现非常严重的临床症状。

感染途径

猫肠道冠状病毒的传染性非常强，在猫感染后两天开始通过粪便排毒，病毒会在干燥的环境中存活7周。

猫接触带病毒的猫的排泄物就会被传染，而且大部分的猫都会携带这种病毒。

诊断方法

粪便冠状病毒检测

猫在感染冠状病毒 2 天后就会通过肠道排毒，如果在粪便中检测出病毒，可以确定猫处于排毒期。

血清冠状病毒抗体检测

猫感染冠状病毒后，身体内会产生抗体，存在于血液中，所以可通过血清检测。如果结果呈阳性，说明以前感染过，或者正处于感染期。结果如果是阴性，说明没有感染病毒，或者刚接触病毒，机体尚未反应过来，没来得及产生抗体。

猫肠道冠状病毒是一种自限性疾病

猫肠道冠状病毒感染是一种自限性疾病。自限性疾病是指在没有治疗干预的情况下，靠机体的自我调节，疾病发展到某种程度就会自行停止的疾病。所以，猫感染了肠道冠状病毒，即使不治疗也能够自愈。但也有部分猫呈持续感染状态，通过治疗无法有效干预，不能完全自愈，而是转为慢性感染，有的甚至会终生排毒。

治疗方法

1. 肠道冠状病毒并没有针对性的特效药，可以采用泼尼松龙等激素类药物控制肠炎的症状。

2. 给猫喂食乳铁蛋白、益生菌或肠道处方粮，以抵抗病毒和细菌。

猫感染肠道冠状病毒后，建议送到宠物医院检查是否有转变为传染性腹膜炎的可能，以免延误病情。

猫冠状病毒病的环境消杀

1.猫冠状病毒在干燥的环境中可以存活 7 周左右，大多数的消毒剂都可以进行消杀，比如漂白剂等，也可以使用宠物专用消毒剂喷洒消毒。

2.冠状病毒不耐高温，所以主人可以将猫常用的器具放入100℃的水中煮半小时，然后在太阳下暴晒。

3.多猫家庭，主人要及时处理感染猫的粪便，将感染的猫与其他猫隔离，猫砂盆和食盆等不要混用，定期清洁、消毒。

母猫感染冠状病毒后，会不会传染给幼猫

感染病毒的母猫是否会将病毒传染给幼猫，取决于断奶和隔离的时间。

冠状病毒阳性的母猫，它的母乳中通常带有病毒抗体，抗体能够保护幼猫健康成长到 5 ~ 6 周龄，之后需要及时隔离。如果没有隔离，则幼猫也可能感染冠状病毒。为了确认幼猫没有感染冠状病毒，最好在 10 周龄以后进行冠状病毒抗体的血清学检测。

🐾 猫白血病病毒

猫白血病病毒具有极高的传染性，在猫科动物间相互传播，是引起猫白血病的原因之一。猫之间通过日常接触经唾液传播，或由繁殖直接传染给后代，但不会传染给人。

猫白血病病毒不等于猫白血病。猫白血病是一种恶性淋巴

瘤，由猫白血病病毒和猫肉瘤病毒引起。目前猫白血病没有治愈的方法，是绝症，只有不到20%的猫能活过3年。猫白血病病毒是一种病毒，是引起猫白血病的一个原因。但感染了白血病病毒的猫不代表得了白血病，只能认为是白血病病毒的携带者，更不能因此给猫判"死刑"。通常情况下，如果给予积极的抗病毒治疗，大部分感染白血病病毒的猫都能拥有不错的预后，甚至可以拥有正常的寿命。

临床症状

感染的前期症状不明显，猫会有厌食、不爱玩、体重下降的现象。

感染的后期，会出现贫血、便血、毛发粗糙、发烧、吞咽困难、嗜睡、牙龈或其他黏膜苍白、淋巴结肿大、牙龈炎和口腔炎症、上呼吸道感染、持续性腹泻、皮肤炎症等症状。

感染途径

猫白血病病毒的传播都与直接接触感染源有关，这些感染源包括：

1. 唾液传播。唾液中的病毒含量最高，是主要传播途径。

2. 猫鼻子和眼睛的分泌物。

3. 猫的排泄物，即尿液和粪便。

4. 母猫会通过胎盘将病毒直接传染给幼猫，乳汁也可以传染病毒。

5. 跳蚤等吸血昆虫的叮咬传播。

这就意味着，在一个多猫家庭中，有一只猫感染了白血病病毒，一起生活的其他猫就很容易被传染。比如，猫之间互相舔舐毛发，触碰鼻子，共用食盆、水盆、猫砂盆，健康猫和被感染的猫打斗撕咬等，都容易被感染。

诊断方法

检测猫是否感染白血病病毒的方式有两种：Elisa 测试和 IFA 血液测试，一般的宠物医院都可以做。

预防方法

1.接种疫苗。注意，疫苗并不能百分之百地起到保护和预防病毒的作用，对于携带病毒的猫、排毒期间的猫和已经出现临床症状的猫是无效的。所以在接种疫苗前需要进行病毒检测，以免无效地接种。

2.限制猫外出，减少接触感染病毒的猫的机会。

3.在外喂养流浪猫后，回家一定要做好清洁和消毒再接触自己家的猫。

4.收养新猫，一定做好隔离及白血病病毒筛查。

5.感染白血病病毒的母猫不适合繁育，最好施行绝育，以免传染给幼猫。

治疗方法

如果猫确诊为猫白血病病毒阳性，但没有临床症状，那就不需要采取什么措施，只要让猫在室内生活和活动，远离其他猫即可。

如果出现了临床症状，那么就需要听取医生的建议，做进一步的治疗。

密切关注猫的病情发展情况，定期给猫做身体检查和血液检查，以便及时采取正确的应对措施。

猫白血病病毒的环境消杀

1.猫白血病病毒在干燥的环境中只能存活48小时，在潮湿环境下能存活数天或数周，所以要保持环境和猫窝的干燥整洁。

2.可以使用84消毒液等消灭病毒。

哪些猫容易感染白血病病毒

1.没有接种过疫苗、抵抗力差的猫容易感染病毒。

2.流浪猫或经常出门的家养猫，有很大可能被感染。

🐾 猫球虫病

球虫是一种比较普遍和顽固的细胞内寄生虫，常寄生于猫、狗的小肠，从而诱发一系列消化道疾病症状。猫感染的球虫主要有等孢子球虫、刚地弓形虫和隐孢子虫。

等孢子球虫

球虫病只感染特定物种，比如猫等。孢子球虫不会传染给人。

临床症状

感染初期：猫因为消化不良而食欲减退，精神不振，鼻头发干，身体发热，粪便带有黏液和血液。

感染严重期：猫会持续性腹泻，包括严重的水样便和血便。患病的幼猫会因为脱水而死亡。

抵抗力比较强的成年猫经过一段时间后会自然康复，但数月之内仍会排出卵囊。

感染途径

等孢子球虫的卵囊生命力很顽强，能够在潮湿的土壤中存活一年以上，如果猫外出接触了这种土壤就容易被感染。

如果猫食用了被等孢子球虫污染的食物（比如来源不明的生肉）、动物（如老鼠、苍蝇）或水，也容易被感染。

猫感染等孢子球虫后，成熟的卵囊会通过猫的粪便排出，健康猫接触后会被感染。

感染球虫病的环境消杀

猫排便后须迅速且彻底地清理掉粪便，可以尽量减少环境污染。

使用 10% 的氨水溶液对猫使用的床单、毯子、餐具、玩具等所有物品，以及地面、地毯、家具进行清洗或擦拭。

保持环境干燥。等孢子球虫的卵囊在 100℃下 5 秒就会被杀死，在干燥的空气中几日内也会死亡。

弓形虫

弓形虫是一种单细胞寄生虫，能感染几乎所有的恒温动物，包括宠物猫、狗和人。

弓形虫病是一种由弓形虫引起的感染性疾病，属于人畜共患病。猫是弓形虫病的主要传染源，弓形虫的卵囊会随粪便从猫体内排出。如果饲养猫不当，弓形虫病容易传染给人。

猫是弓形虫唯一的终末宿主，意思是只有在猫身上，弓形虫才会产出具有传染性的虫卵。在猫的体内，弓形虫会首先完成肠内期的发育。虫体定殖在肠上皮细胞内后发育增殖形成虫卵，再破坏上皮细胞回到肠腔，最后虫卵随猫的粪便排出体外。从虫体定殖到排出卵囊的过程需要 7 ~ 20 天，具体时间因猫而异。猫在感染过程中会产生抗体，抗体产生后不再向外排出卵囊。

临床症状

猫感染弓形虫后是否出现症状，要依据感染数量、虫株的毒力及猫的免疫力来判定。猫抵抗力强时会和人一样，就算感染了也不会出现临床症状，而且会自行恢复并产生抗体。

猫的抵抗力弱时最常见的情况是影响个别器官，如肺、眼睛、肠、肝等部位，会出现体温升高、厌食、嗜睡、腹泻、呼吸急促、咳嗽、痉挛、眼部感染及黄疸等症状。

怀孕的母猫感染弓形虫后，会出现流产、死胎等现象。

感染途径

1.猫吃了受到污染的生肉、食物，或饮用了受到污染的水后会被感染。

2.猫捕食感染了弓形虫的动物，如老鼠、鸟类后会被感染。

3.健康猫接触了患病猫的粪便，或者是被粪便污染的土壤、猫砂等，也会被感染。

孕妇家庭养猫如何减少弓形虫感染

1.避免亲自清理替换猫砂，如果无法避免，应戴一次性手套，处理完后及时用肥皂和温水洗手。

2.完全室内饲养，避免猫接触室外的老鼠等中间宿主。

3.不收养或接触感染情况不明的流浪猫，尤其是幼猫，也不要在怀孕期间养新猫。

其实，猫不是孕妇感染弓形虫的唯一途径，孕妇还可能从被污染的生肉、乳制品、饮水、厨具等感染弓形虫。所以，相比害怕被猫传染，孕妇更应注意饮食卫生。

治疗方法

1.对于弓形虫检测为阳性的猫，克林霉素是首选药物，可以消炎退烧，改善食欲。

2.磺胺类药物能够抑制猫体内弓形虫的生长，注意用药的同时要补充叶酸。

3.如果猫出现眼部疾病，可以使用阿奇霉素治疗。

4.除去以上药物，还可以给予猫调节免疫功能的药物来提高猫的免疫力。

隐孢子虫

隐孢子虫是一种肠道寄生虫，虫体非常小，只有5微米长。它会寄生在哺乳动物的肠道黏膜上皮细胞内，会引起腹泻，传染性很强，人和动物都可能被感染。主要分四种类型：猫隐孢子虫、微小隐孢子虫、犬隐孢子虫、人隐孢子虫。其中猫隐孢子虫一般只感染猫，在人和其他动物身上很少发现，微小隐孢子虫偶尔会感染猫。

隐孢子虫病传染给人的情况并不常见，如果人患有艾滋病或其他免疫抑制疾病，免疫力低下时，感染隐孢子虫病的概率会更高。感染途径有：人接触了感染隐孢子虫的猫的粪便和呕吐物；隐孢子虫感染的猫粪便污染了食物和水源，人误食了这种食物。

临床症状

临床症状与猫的体质有关。抵抗力好的猫不会出现症状，或者出现轻微的腹泻、大便稀软的现象。

抵抗力差的猫，可能会出现比较严重的症状，如持续数周的水样腹泻、呕吐、厌食、腹痛、体重下降，还会出现长期反复的软便、大便带血等慢性腹泻的症状。

长期腹泻会导致猫脱水、免疫力下降、身体虚弱，此时更容易引起并发症。

感染途径

健康猫误食了被隐孢子虫感染的食物和水，虫体会进入猫体内，导致感染。为了防止病从口入，主人要保证猫的饮食和饮水卫生。

猫接触了患隐孢子虫病的猫的粪便或呕吐物，也会被感染。多猫家庭，有猫感染隐孢子虫病后要进行隔离处理，每天及时处理猫的粪便，不要让其他猫接触被感染的粪便和呕吐物。

治疗方法

目前关于猫隐孢子虫病没有有效的治疗药物，主要是使用抗生素类药物缓解和消除症状。可以使用阿奇霉素或泰乐菌素，不建议使用巴龙霉素和硝唑尼特，因为巴龙霉素对肾脏有损伤，硝唑尼特会引起猫呕吐。

猫出现脱水症状时，要及时输液治疗，以补充营养，提高抵抗力。

猫隐孢子虫病的环境消杀

隐孢子虫的卵囊在环境中可以存活较长时间，并且对含氯的消毒剂有抵抗力，可以使用含氨制剂消毒。

另外，保持环境干燥，可以使隐孢子虫的卵囊失去活力。70℃以上的高温可以杀死隐孢子虫的卵囊。使用蒸汽消毒的效果也比较好。

哪些猫容易患猫隐孢子虫病

1.六个月以下的幼猫容易感染，发病率也很高。

2.患有白血病、艾滋病的猫，因为免疫机能不全，很容易被感染。即使经过治疗，也很容易反复发作，很难治好。

🐾 猫传染性贫血

猫传染性贫血是由嗜血支原体感染引发的，曾被称为猫巴尔通体病，是一种人畜共患疾病，在炎热季节的发病率会比较高。

如果人被患病的猫抓伤或咬伤，就会有被感染的可能性。一般，在被猫抓伤后的 1～3 周，会出现低热、乏力、恶心、呕吐等症状，但也有部分患者不会出现发热的症状。此外，患者的颈部、腋窝、腹股沟等处会逐渐出现淋巴结肿大。

但猫传染性贫血属于自限性疾病，大多数患者可以在 2～4 个月内自行康复，不会在人与人之间传播，也不会遗传。

临床症状

1.急性型：出现贫血症状，高热，黄疸，精神不振，嗜睡，食欲不佳，呼吸急促，心跳过速，脱水，脾脏肿大，甚至会引起急性死亡。

2.慢性型：症状发展比较缓慢，会出现中度贫血，体温正常或稍低，虚弱，消瘦，眼结膜苍白。

感染途径

常见的传播途径有如下几种：

1.接触传播：猫的唾液、牙龈等会存在病原体，可以通过猫之间的打斗和抓咬传播。年轻的公猫因为更容易打斗、被咬伤，所以患病概率大于母猫。

2.血液传播：输血或使用受到污染的针头、手术器械等会造成感染。

3.昆虫叮咬传播：跳蚤、虱子、蜱虫、蚊子等吸血昆虫叮咬也会传播疾病，野生或经常在户外活动的猫因为更容易被叮咬，所以患病概率比较大。

4.母猫可能会通过胎盘或哺乳传播给幼猫。

治疗方法

1.急性症状和贫血比较严重的猫，最有效的治疗是输血和供氧。

2.口服或注射四环素类和氟喹诺酮类的抗生素药物，比如多西环素、马波沙星和普拉氧氟沙星。

3.如果猫还患有艾滋病病毒或猫白血病病毒，应该使用干扰素进行抗病毒治疗。

4.给猫补血、补糖、补水，比如硫酸亚铁、右旋糖酐铁、维生素 B_{12} 等营养物质，让猫保持健康，利于后期恢复。

护理事项

1.让猫生活在稳定的环境中，避免猫因受刺激，身体出现不良或异常反应，导致疾病复发。

2.康复后的猫应该及时绝育，杜绝母体传播疾病。

🐾 猫疥螨

猫疥螨是由寄生虫猫背肛螨引起的一种传染性很强的皮肤病，人和其他动物都会被传染。高发时间是春初、秋末和冬季，因为这些季节日光照射不足，再加上猫皮肤表面湿度比较高，猫疥螨的发育与繁殖速度会提高。

如果人是过敏体质，并且抵抗力较差的话，就有可能被传染。人被疥螨感染后，会在接触部位发生红肿、瘙痒、起丘疹等现象，一般发生在手臂内侧和腹部。症状短时间内可以自愈，但是也可能会引发严重的皮肤病。

临床症状

1.疥螨寄生在皮肤浅表层，猫会因严重的瘙痒而抓挠。

2.被感染的部位会出现皮肤增厚、变硬、发红、脱毛、结痂或表皮脱落等症状。

3.感染部位一般先出现在耳郭的内侧，而后会波及耳部、面部、头部及颈部，四肢也经常会被感染，然后再蔓延到腹部、会阴等部位。

4.常见的症状还有淋巴结肿大。

严重时会发生全身性感染、大面积皮肤病，猫会因此出现食欲下降、形体消瘦、免疫力下降，最后产生多种并发症，严重情况下可致猫死亡。

感染途径

1. 健康猫直接接触感染疥螨的动物，可能会被感染。主人要减少猫在室外活动的机会，以免接触到感染疥螨的动物。如果家中有多只猫，其中有感染疥螨的，主人要将它和其他猫隔离开。

2. 健康猫接触了被疥螨污染的环境，比如猫舍或其他场所，也可能会被感染。主人要保持猫生活环境的卫生、干燥，经常通风，定期消毒。

3. 人的衣服和手也可能会成为传染病的媒介。主人在外面接触了猫或其他动物后，回家要第一时间对双手和衣物进行消毒，避免传染给自己的猫。

治疗方法

1. 使用柔软的纸巾或纱布，沾生理盐水，定期清理猫身上脱落的痂皮。

2. 使用抗疥螨的药剂给猫做药浴。

3. 使用石硫合剂对猫的全身进行喷洒。

4. 增加驱虫的频率。

5. 使用伊维菌素等抗生素类药物进行注射，可以抵抗体外的寄生虫。

6. 给猫喂食肉类或有营养的猫粮，补充 B 族维生素，增强抵抗力。

猫疥螨的环境消杀

1. 猫日常接触到的沙发套和床单等要经常消毒清洗。

2. 猫窝和其他用品要经常清洗和暴晒。

哪些猫容易感染猫疥螨

1. 任何品种和性别的猫都可能会发病，长毛猫和幼猫的感染率更高一些。

2. 没有定期驱虫的猫。

3. 经常在野外活动的猫。

4. 猫的生活环境卫生状况较差，阴暗潮湿。

5. 猫自身的抵抗力较差。

🐾 猫贾第虫病

贾第虫也叫作蓝氏贾第鞭毛虫，主要寄生在人和哺乳动物的小肠中。猫感染贾第虫病，除了感染小肠外，大肠也会被感染。

贾第虫有 8 种基因型，从 A 型到 H 型，人容易感染 A2 型和 B 型，猫最常感染 F 型，也可能感染 A1 型，这意味着贾第虫病有人猫共患的可能，但是从猫传染给人是罕见的。

临床症状

大部分猫感染贾第虫病后不一定会表现出临床症状，如果出现，主要有如下几种：

1. 贾第虫病最主要的症状是腹泻，并伴有腹痛。急性腹泻症状为软便，有恶臭味道。慢性间歇性腹泻症状为水样粪便，偶尔含有血液。幼猫急性腹泻时，粪便呈柔软、苍白、恶臭，可能含有脂肪或黏液。

2. 症状会持续数周，猫可能会出现呕吐现象，体温正常，但是精神不好，因为吸收不良，体重会减轻。严重时会出现脱水症状。

感染途径

1.猫感染贾第虫后，排出的粪便中含有贾第虫的包囊，健康猫接触这类粪便就会被传染。

2.贾第虫的包囊污染了水源、食物或土壤，健康猫饮用或食用了这类水和食物会被传染。

3.健康猫接触感染贾第虫病的猫后也可能被感染，比如舔舐被粪便污染的皮毛等。多猫家庭要将健康猫与患病猫隔离饲养。

治疗方法

1.通常使用咪唑类药物进行治疗，首选药物是口服的芬苯达唑。

2.甲硝唑类药物使用比较少，因为猫会产生不良反应，高剂量可能会出现神经症状的副作用，怀孕或哺乳期的猫、患有肝病的猫都不能使用这种药物。

3.猫出现脱水症状时，要及时进行输液治疗。

猫贾第虫病的环境消杀

1.贾第虫的包囊对外界的抵抗力很强，能在环境中生存数月，可以使用季铵盐消毒剂对环境进行消毒。

2.家庭环境要保持卫生和干燥。

哪些猫容易患贾第虫病

1.相比成年猫，一岁以下的幼猫患病率更高。

2.免疫力低下（感染艾滋病或白血病）的猫患贾第虫病的概率比较高。

3. 在猫舍、宠物店或动物收容所等群居场所中的猫，患病的概率要大于普通家庭中的猫。

🐾 猫癣

猫癣是由真菌引起的皮肤病，在猫的皮肤病中很常见，对猫的颜值和健康都会造成影响。引起猫癣的真菌主要有两种：小孢子菌属，包括犬小孢子菌和石膏样小孢子菌；毛癣菌属，须毛癣菌。

真菌的传染性很强，既能在猫与猫之间传染，也能在猫与其他动物之间传染，包括人。人一旦感染上猫癣，初期皮肤上会出现红斑或者小红点，因为瘙痒抓挠后，皮肤表面会出现典型的红色圆圈形斑块，伴有脱皮，可能会延续数月。

猫癣一年四季都可以传播，在炎热潮湿的季节发病率会比较高。

临床症状

1. 感染部位常见于猫的头部、耳朵背面、四肢、爪子、躯干、尾部等。

2. 最典型的症状是脱毛，猫因为瘙痒会抓挠皮肤，患处的毛发变脆变干，可能会有毛发根部残留，也可能会完全脱落。

3. 皮肤上会出现圆形或椭圆形的癣斑，有散落的皮屑。

4. 脱毛的区域会形成油性结痂，刮去痂皮后表皮发红或溃烂。随着病情的发展，脱毛范围会呈环形扩散，严重时会大面积脱毛。如果不及时治疗，病情会转为慢性，病程会延长。

感染途径

1.健康猫与感染猫癣的猫直接接触后会被真菌感染。有多只猫的家庭，主人要经常检查猫的皮肤，发现猫患上猫癣，要及时隔离，不要让患病猫与健康的猫和人接触。

2.健康猫接触了被真菌污染的物品，比如枕头、床单、被褥等，也会导致间接传染。主人要保持家庭环境的整洁，经常通风，保持干燥，使用吸尘器将猫的毛发清理干净，对家具、家居用品、衣物等进行清洗消毒。

尽量减少给猫洗澡的次数。猫的皮肤角质层薄，频繁洗澡会使其受到破坏，抵抗力变差。

治疗方法

1.外用药物：常用的药物有盐酸特比萘芬乳膏和克霉唑软膏等抗真菌药物，还可以使用药浴给猫清洗。用药前要先将猫患处周围的毛发剃光，将皮肤表面的结痂和分泌物清洗干净。

2.口服药物：如果是大面积感染，需要口服抗菌药物。比较常用的是伊曲康唑和灰黄霉素，两者都有呕吐的副作用，长期服用会对猫的肝脏造成损伤，需要搭配护肝产品。灰黄霉素的毒副作用较大，处于孕期的猫要慎用，也不要让猫空腹服用。

3.主人还要给猫补充牛肉、鸡肉等蛋白质，补充 B 族维生素，提高猫的免疫力。

猫癣治愈后，猫会获得抵抗力，但这种抵抗力只能维持几个月到 1 年的时间。所以患过猫癣的猫还有可能再次被感染。

猫癣的环境消杀

1.真菌的抵抗力比较强，在自然界中能存活很长时间，所以需要使用消毒剂对物品和环境进行消毒，可以将次氯酸等含氯消毒剂以 1∶10 的比例稀释后使用。

2. 让猫适当晒太阳，也可以起到杀菌的作用。

🐾 狂犬病

狂犬病是人畜共患病。如果携带狂犬病毒的猫或狗，把人咬伤、抓伤，就会有把这种病毒传染给人的可能性。

人是否会感染狂犬病，主要取决于伤人的猫是否患有狂犬病。如果伤人的猫体内没有狂犬病毒，受伤的人是不会感染狂犬病毒的。

所以，被猫抓伤、咬伤后，需要先确定猫是否患有狂犬病。如果是家养的，或者是你熟悉的猫，定期接种过疫苗，基本上没有传播狂犬病毒的可能。

如果是被流浪猫抓伤、咬伤，为以防万一，最好在 24 小时内接种狂犬病疫苗，最好不要超过 48 小时。

三级暴露需先注射狂犬病免疫球蛋白或抗狂犬病血清，再接种狂犬病疫苗。因为狂犬病疫苗需要 3 ~ 7 天才能产生抗体，注射狂犬病免疫球蛋白可以快速中和病毒，不延误病情。

狂犬病对猫是 100％ 致命的，一旦感染发病，没有任何治疗方法，因此预防是关键。我国是狂犬病流行高风险地区，接种狂犬病疫苗对猫和人来说都十分重要。

第四章
教你正确应对猫的皮肤病

种马尾

猫尾巴油脂分泌量较多，可能是由种马尾引起的。种马尾，也叫作尾腺增生、尾部油脂积蓄症，又称"尾性亢进症"。这主要是因为猫尾上腺（尾部皮脂腺集合）增生，导致油腻物质在尾部毛发覆盖处积聚的一种表现。

临床症状

种马尾病很容易被发现，会有以下症状。

初期：尾腺产生或尾部的皮脂增多，常引起尾部的毛发变得油腻，一束一束的，并且容易打结，就像马的尾巴一样，初期不会感觉疼痛。

中期：背部后部和尾部附近毛发油腻、发黄，拨开毛发可以看到黄黑色的蜡质结块。

后期：尾根或尾巴附近毛发出现掉毛、粉刺、皮肤粗糙、红肿，会引起不同程度的瘙痒和疼痛，猫会一直舔舐或咬尾巴，造成病变部位扩大。

如果治疗不当，或任其发展，可能会引起继发性细菌感染，出现毛囊炎、肿胀、化脓，甚至整条尾巴被感染，产生难闻的气味。

病因

常见的情况是内分泌失调引起的，猫因为雄性激素增多，整个尾背部的皮脂腺分泌旺盛，当这些皮脂腺分泌大量油脂后，得不到及时处理，会引发问题。

如果猫不勤于梳理毛发，也会让尾部的油脂堆积。

治疗方法

1. 如果猫本身油脂分泌旺盛，日常饮食中要尽量控制脂肪的摄入。

2. 对于繁殖期的成年公猫，有效的解决办法就是绝育。因为绝育后的公猫不会再受雄性激素分泌的影响，皮脂腺就不会再分泌过多皮脂，可以阻止病情继续发展。母猫绝育也会有一定效果。但是这种方法并不一定对所有病例都有效。

3. 将猫患处的毛发剪短，这样对清洗和药物的吸收更有利，但要注意不能剃光，因为剃光毛发会刺激猫的皮肤，反而加重皮肤损伤。

4. 日常清洁时使用含有过氧化苯甲酰（浓度为3%或更低）的洗剂来清洗患处，清洗后将毛发吹干并梳理，能够缓解尾巴出油的情况。

5. 如果清洗不能缓解症状，可以使用抗生素软膏涂在患处，注意不要让猫舔舐药物。

哪些猫容易患种马尾

种马尾在没有绝育的公猫身上最常见，但部分母猫和绝育的公猫也会患病，笼养猫和雷克斯猫的患病率也比较高。

🐾 黑下巴

黑下巴是猫最常见的皮肤问题之一，也被称作毛囊炎，通常出现在成年猫和老年猫身上，幼猫比较少见。

临床症状

一般会出现在下巴和下唇的位置，偶见于上唇。

轻症：猫的下巴会产生黑褐色的分泌物，就像人的黑头粉刺一样。仅仅是美观上的问题，不会影响猫的生活质量。

重症：下巴瘙痒、发红、增厚、掉毛，猫会经常抓挠和摩擦下巴，如果继发感染的话，会形成毛囊炎或疖肿，让下巴肿大。

病因

黑下巴的病因并不明确，大多与皮脂异常分泌、免疫力低下、感染、应激障碍等有关。

猫在性成熟期时性激素分泌旺盛，或者进食时脂肪摄入过量，都会导致皮脂腺的油脂分泌增多，堵塞毛囊孔。

猫在进食时下巴沾上含油物质，长时间得不到清理，也会导致污物堵塞毛囊孔。

猫在免疫力低下时，毛孔容易感染细菌、霉菌或马拉色菌，也会引发黑下巴。

治疗方法

1. 初步治疗时，剃掉患病部位的被毛后，用温水热敷打开毛孔，用药用洗剂轻柔按摩清洗，每天 1 ~ 2 次，直到康复。切忌用手大力擦拭猫的下巴，以免造成感染。

2. 还可以在局部使用抗生素软膏，包括莫匹罗星软膏或霜剂、含红霉素或四环素的软膏等。每 1 ~ 3 天使用 1 次。

3. 如果局部治疗效果不好且症状严重，宠物医生会开出口服抗生素药物。

🐾 猫神经性皮炎

一些猫长时间地啃咬或舔舐身体局部的毛发，持续不断而且无法制止，引发感染形成炎症，因此又称之为舔舐性皮炎。这种行为经过一定时间后会消失。

临床症状

四肢外侧是最易发部位，其次多见于前肢内侧、股内侧、会阴部及腹部。

患处毛发脱落，皮肤红润，有时会左右对称性地消失。

病因

1. 搬家、出门、家里出现新成员、主人的负面情绪等外界刺激，都会让猫产生焦虑情绪。

2. 神经质、过度兴奋、精神障碍、荷尔蒙不平衡、基因等。

3. 过敏引起的瘙痒。

治疗方法

1. 如果过度舔舐是因为皮肤瘙痒，要排查过敏原，补充维生素 E、鱼油。每隔数日，用药物香皂进行药浴。

2. 如果是因为精神因素，可以使用镇静剂类的制剂，例如苯巴比妥、安定或甲羟孕酮等内服，来缓解焦虑情绪，减少舔舐行为。

3.除了使用镇静剂治疗外，还要消除使猫紧张的环境因素，给它一个真正舒适的生活空间。

4.要注意观察患病部位是否发生继发性感染，如果出现感染要及时处置。

哪些猫容易患神经性皮炎

暹罗猫、缅甸猫、喜马拉雅猫和阿比西尼亚猫等品种的猫，但没有年龄和性别上的差异。此外，室内圈养的猫也易患本病。

🐾 猫异位性皮炎

猫异位性皮炎是一种具有遗传性的炎症，是细菌性皮肤病的一种不常见病，属于慢性疾病，会出现季节性发病或全年发病。即使治愈了，也有复发的风险。

临床症状

主要分布在眼部、嘴部、耳部、颈部、肘部、腕关节、趾尖皮肤、腹部、会阴、大腿后侧及尾根内侧等。

临床常见症状为皮肤红肿、瘙痒、丘疹、鳞屑及脱毛，猫会抓挠、撕咬和舔舐患处，还会出现咳嗽、哮喘等症状。病程长的可能出现色素沉着、皮肤增厚等症状。

病因

异位性皮炎患病原因分为外源性和内源性两种。

外源性因素有季节性因素和非季节性因素。非季节性因素包括跳蚤过敏和环境因素过敏（比如花粉、尘螨等）。

内源性因素有遗传性、激素异常性和过敏性，即由猫的某些基因导致的免疫缺陷所引起。

治疗方法

1. 使用温和无刺激的洗剂给猫洗澡。

2. 如果猫的瘙痒严重，可以口服或注射抗菌类药物，还可以防止继发感染。

3. 平时要注意避开变应原。

4. 如果是免疫缺陷问题引起的炎症，要注意从身体内部调理，提高猫的免疫力，降低皮肤过敏性，比如口服抗过敏药物。

🐾 猫马拉色菌性皮炎

马拉色菌是一种在皮肤上生存的真菌，健康的动物身上也会存在。当它过度繁殖时，就会引发皮肤炎症。

德文莱克斯猫和斯芬克斯猫比较容易感染马拉色菌。

临床症状

多发生于皮肤的褶皱处，例如嘴周、下巴、外耳、趾间、颈部、腹部等部位。

1. 马拉色菌性皮炎最典型的症状是瘙痒，猫会不断地抓挠和舔舐自己。

2. 猫的皮肤上出现红斑、黄色皮屑和结痂，被毛油腻，掉毛，散发恶臭，下巴会出现痤疮。

3.猫耳朵会出现黄色或棕色的分泌物，趾甲红肿，有棕色的渗出物。

马拉色菌与表皮上的葡萄球菌存在共生关系，因此经常可以发现马拉色菌性皮炎并发脓皮症。

病因

1.潜在的全身性疾病导致猫的免疫系统受损，比如内分泌或代谢类疾病。

2.与其他皮肤病并发，比如异位性皮炎、耵聍性外耳炎等。

3.食物过敏、皮肤过敏。

4.皮肤褶皱处和多毛的部位易潮湿，也会促进马拉色菌的繁殖。

治疗方法

1.适当给猫补充肉类和鱼类等营养物质，但要少摄入脂肪。

2.使用抗菌抗霉的洗剂进行药浴，比如酮康唑浴液、氯己定浴液，可以有效地控制各种真菌和细菌的感染。

3.口服抗真菌类药物，比如伊曲康唑。

🐾 猫脂溢性皮炎

脂溢性皮炎简称皮脂溢，指的是皮脂代谢出现紊乱，引起皮肤角质化异常，出现的皮肤炎症性病变。

以卷毛为特征的雷克斯猫易患此病。

临床症状

脂溢性皮炎常发生于面部、趾间、腋下、颈腹侧、腹下、会阴、尾巴皮褶处。

根据病灶病变情况可分为干性、湿性两种，都会产生瘙痒的症状，严重时猫会形体消瘦。

干性脂溢性皮炎：患处皮肤发红，被毛干燥，没有光泽，会起鳞屑和结硬痂的皮脂碎屑，形状类似于头皮屑。

油性脂溢性皮炎：皮肤油腻，出现褶皱和增厚，有一种腐败恶臭的气味，局部毛发打结、稀疏或脱落。

病因

根据病因可分为原发性脂溢性皮炎和继发性脂溢性皮炎。原发性脂溢性皮炎是一种家族遗传性皮肤疾病，是皮肤细胞和皮脂腺体缺陷。继发性脂溢性皮炎比原发性更常见，通常由以下原因造成：

1. 饮食因素：猫粮中脂肪含量过高或过低，缺乏维生素和矿物质。

2. 细菌感染，过敏。

3. 高温低湿的环境，不梳理毛发和体表不洁净。

4. 内分泌失调：生殖腺分泌异常，甲状腺功能低下。

5. 肝脏等内脏疾病或肿瘤。

6. 外伤。

7. 体外寄生虫。

治疗方法

1. 使用抗脂溢的洗剂清洗猫的毛发，润肤止痒，促进角质更新代谢。

2.注射含有肾上腺皮质激素的制剂，比如泼尼松、地塞米松，或者使用氟轻松软膏、泼尼松龙喷剂等。

3.使用抗生素控制并发及继发性感染。

4.不要吃脂肪含量过高的猫粮，可以选择高蛋白的猫粮，通过优质食物补充维生素和微量元素。

😺 猫粟粒状皮炎

粟粒状皮炎是由多种病因引起的一种症状，比较常见。虽然会反复出现，但可以被治愈。

临床症状

病变可遍布全身，主要集中于背部。

1.猫会因为瘙痒和疼痛而不断地抓挠或啃咬患处，皮肤会变薄。

2.猫的皮肤破损后，表面会出现许多又小又硬的颗粒状结痂或红色丘疹，就像一粒一粒的谷子一样。

3.损伤部位会出现脱毛症状。

4.发生继发性感染的话，皮肤会出现溃烂，并向周围扩散。

病因

粟粒状皮炎的主要病因是过敏性反应，导致过敏的原因如下。

1.由体外或体内的寄生虫引起，比如跳蚤、螨虫、虱子、疥虫、毛囊虫等，或其他肠道寄生虫，但 80% 以上是猫对跳蚤唾液过敏引起的。

2. 食物、药物或粉尘引起的不良反应。

3. 细菌或真菌感染。

4. 猫自身的免疫性疾病，如异位性皮炎、接触性皮炎等。

治疗方法

1. 如果是细菌感染引发的，需要使用抗生素治疗皮肤感染。

2. 如果是真菌感染引发的，除了使用抗真菌类药物外，还可以使用抗组胺类和皮质类固醇类药物，比如泼尼松龙，来减轻炎症、瘙痒和疼痛。

3. 如果是因为食物过敏导致的，需要改变猫的饮食，喂低敏食物。

4. 减少与猫接触可能导致过敏的源头，比如花粉等。

🐾 猫湿疹

猫湿疹通常是因为过敏物质刺激皮肤表面的细胞，引起的一种炎症反应，是猫非常常见的一种皮肤疾病，病程长短不定，且容易复发。

临床症状

湿疹可以分布在猫的全身，急性期病变部位始于鼻子、眼睛和面颊，之后会向周围扩散。慢性湿疹的感染部位比较随机，不过大多还是发生在颈部和背部。

猫湿疹分为急性湿疹和慢性湿疹，均有食欲不振、逐渐消瘦、行走无力、容易疲劳的症状。

急性湿疹：皮肤表面不平，出现红疹或丘疹样的隆起，形成小水疱后化脓破溃，局部糜烂。猫因为患部瘙痒和潮湿，会表现得十分不安，进而不断摩擦和舔咬患部，造成皮肤大面积丘疹，被毛脱落。

慢性湿疹：病程长。猫的局部皮肤会增厚，苔藓化，有皮屑脱落，被毛粗糙。虽然皮肤潮湿程度有所缓解，但仍有瘙痒症状。

病因

猫湿疹主要是受环境和自身因素影响，导致皮肤抵抗力下降从而诱发湿疹。

1. 机械性刺激：如持续摩擦，昆虫叮咬。

2. 化学药品刺激：如洗毛剂刺激皮肤，化学药品使用不当。

3. 潮湿：洗澡后毛发没有吹干，汗液浸渍，体表污垢，生活环境阴暗潮湿闷热，都会导致皮肤角质层软化。

4. 变态反应：这是引起猫湿疹的主要原因，如饮食营养不均衡、先天遗传、疾病等因素。

治疗方法

1. 先剃掉患病部位的被毛，使用温性生理盐水或3%硼酸溶液充分洗净后去除痂皮，再涂敷抗生素软膏。由于感染的程度不同，用药请遵医嘱。

2. 症状严重的猫可以按医嘱使用抗生素口服或注射，例如盐酸苯海拉明等。

🐾 猫甲沟炎

猫甲沟炎是指猫的趾甲因为感染而引起的炎症反应，是一种常见皮肤病。

临床症状

甲沟炎常发生于猫脚趾趾甲及周围皮肤。

1. 感染的趾甲缝或趾甲根部出现红肿、潮湿的症状，严重时会疼痛化脓，有棕色的渗出物。趾甲表面增厚、变黄或浑浊粗糙。

2. 猫会频繁地舔舐自己的爪子。

3. 会烦躁、食欲降低。

4. 行走不便，会出现跛行的症状，不敢做跳跃类的活动。

感染途径

1. 猫的脚踩到不干净或潮湿的地方，没有及时清理干净。

2. 猫的脚趾受伤后没有及时护理，比如剪趾甲或抓东西，导致伤口发炎溃烂。

3. 交叉感染，即猫被其他被感染的宠物传染。

治疗方法

1. 治疗时需要先将趾甲周围的毛发剃除，用抗菌洗剂将伤口清洗干净后彻底吹干。

2. 如果伤口没有化脓，可以在甲沟处用碘伏杀菌消毒，也可以涂抹抗菌药膏，不需要包扎。

3. 口服或注射抗生素类药物。

4. 如果伤口皮下有脓肿，要用刀将甲沟切开引流，将脓水全部挤出来，再给伤口处局部涂抹抗菌药膏，进行消炎抗菌处理。

第五章
教你冷静应对猫界"绝症"

🐾 猫传腹

猫传腹，全称猫传染性腹膜炎，是猫在感染猫冠状病毒群属的肠道冠状病毒后，病毒经过变异引起全身或部分器官的炎症反应。猫传腹的发病率虽然很低，但致死率很高，是最可怕的猫疾病之一。

猫肠道冠状病毒变异为猫传染性腹膜炎病毒后，不可逆转，但病毒只在猫的体内复制，并不会通过粪便等传播，所以不具有传染性。

由于传腹初期的症状并不严重，也很模糊，而且猫擅长隐藏不适，所以不容易被觉察到。另外，猫传腹的确诊也有难度，因为它总是与其他疾病一起出现，而且常规的检测并不能提供明确的诊断，大多数情况下需要排除其他可能性才能确定，也会在一定程度上延误病情。

临床症状

猫传腹的症状分为早、中、晚三期。

1. 早期症状：精神萎靡，食欲下降，体重下降，腹部肿大，发烧，可能伴有贫血。

2. 中期症状：中度贫血，体温升高（39.7 ~ 41℃，黄昏时较高，入夜时慢慢降低），黄疸，体重下降明显。

3. 晚期症状：厌食，严重贫血，全身黄疸，呼吸急促，无法站立。

晚期症状又分为干性、湿性和干湿混合三类。

1. 湿性传腹，指的是体内有积液渗出。常见的有腹膜炎、胸膜炎和心包炎。猫通常会有腹部积水，但是没有痛感；胸腔积液会引起猫呼吸困难；心包积液会让猫的心音低弱。

2. 干性传腹，没有积液渗出。常见的是眼、肝、肾、肠道、中枢神经等部位发生病变。眼部的葡萄膜炎，通常症状是角膜沉着物、虹膜炎等；中枢神经受损通常会有行动失调、痉挛等症状；器官上会有肉芽肿病变。

3. 干湿混合：在猫尸检中，经常发现体内既有肉芽肿病变，又有器官积液，所以干湿混合型的传腹不常见。

治疗方法

1. 治疗猫传腹的药物有两种，一种是 3C 类蛋白酶靶向抑制剂 GC376，这种药物对猫传腹有一定效果，但是效果并不是特别好。另一种核苷类似物特效药 GS-441524，也就是俗称的"441"，虽然对猫传腹有治愈的效果，但是并没有获批上市。目前中国市场上售卖的该类药物仅是依据其公开的制备方法制作而成，即仿制药，使用时需要谨慎。

2. 针对猫体内的炎症，可以使用泼尼松龙等皮质类固醇药物来缓解猫的症状。

3. 还可以给猫补充大量维生素或干扰素，提高猫的免疫力来对抗病毒。

哪些猫容易患猫传腹

除了容易感染冠状病毒的幼猫、群居和免疫力低下的猫外，以下情况也可能会增加猫患传腹的可能性：

1. 多次感染冠状病毒的猫，冠状病毒变异为猫传腹病毒的可能性会大大增加。

2. 猫出现应激反应，比如更换新环境，体内的冠状病毒也比较容易产生变异。

3. 纯种猫的发病概率会高于其他猫，另外，某些品种的猫会更容易患上猫传腹，如布偶、德文莱克斯、伯曼等。

🐾 肾衰竭

猫肾脏的作用是将体内的毒素和代谢产物通过尿液排出体外，维持体内酸碱和电解质的平衡。一旦肾脏出现问题，猫无法排尿，就可能引起全身中毒。

临床症状

猫肾衰竭分为急性肾衰竭和慢性肾衰竭。

猫急性肾衰竭的症状：急性肾衰竭发病很快，通常在几天或几周内突然发病。猫急性肾衰竭表现为频繁排尿，饮水量增大，严重时尿量会减少。如果不及时治疗，严重时会转为慢性肾衰竭，发展为尿毒症，会对肾脏造成不可逆的伤害，有死亡风险。

猫慢性肾衰竭的症状：和急性肾衰竭相反，猫慢性肾衰竭需要几个月，甚至数年才会有所体现。前期会多尿，后期则出现无尿、水肿的现象。同时，还会伴有口腔溃疡、口臭、高血压等症状，严重时会发生惊厥。

病因

猫急性肾衰竭的病因

1. 有毒物质是引起猫急性肾衰竭最常见的原因，比如植物（百合花）、药物（杀虫剂、消毒剂、治疗用药等）、重金属。

2. 中暑、高热等导致呕吐和腹泻，会让猫的体液大量减少，从而引起急性肾衰竭。

3. 尿路结石可引发急性肾衰竭，比如因为尿结石不能排尿的猫。

4. 骨盆受伤或膀胱破裂，猫会快速脱水、失血过多，引起急性肾衰竭。

5. 血压低导致的心力衰竭，使流向肾脏的血液减少，导致急性肾衰竭。

猫慢性肾衰竭的病因

1. 肾脏细菌、病毒感染或阻塞通常会引起猫慢性肾衰竭。

2. 口腔溃疡，尤其是牙龈和舌头上的溃疡，会损害肾功能。

3. 高血压、甲状腺疾病、癌症等引发慢性肾衰。

4. 先天性肾脏畸形，如多囊肾。

5. 长期食用含盐量高或损害肾脏的食物或药物。

6. 随着年龄的增长，肾脏功能减退，所以患慢性肾病的老年猫比较多，要定期带猫做体检。

治疗方法

1. 急性肾衰竭发作时，宠物医生会根据猫的症状表现进行救治，比如输液、导尿、切除结石、止吐、抗菌消炎等。

2. 猫的慢性肾衰竭不能治愈，只能维持，延缓病情恶化，所以要定期监测猫的病情发展，严格执行医生的治疗计划。

护理事项

1. 在饮食上要注意降低蛋白质和磷的含量，减少肉类和奶制品的喂食，可以选择专门针对肾衰竭的处方猫粮。

2. 补充维生素，增强免疫力。

3. 让猫正常饮水，维持身体机能。

🐾 肥厚型心肌病

和人一样，猫也会有心脏病。而猫最常见的心脏病就是心肌病，分为肥厚型心肌病、限制型心肌病、扩张型心肌病，其中最常见的是肥厚型心肌病。

患有肥厚型心肌病的猫的心脏体积不会增大，心脏内壁异常增厚，使内部空间变小，导致血液循环异常，最终发生心力衰竭，并且伴随血栓的形成。

临床症状

猫在患病初期并不会出现明显的症状，随着病情的发展，会出现以下症状：

1. 食欲下降，精神不好，运动能力下降，比如原先可以轻松跳上去的地方，现在跳不上去，或者要跳很多次才成功。

2. 运动后的呼吸粗重，口腔黏膜发白，舌苔发紫，脚垫的颜色从发白到青紫色。

3. 走路的步态异常，后肢跛行、麻痹，甚至瘫痪，有昏厥的情况，呼吸困难，严重时会因心力衰竭导致猝死。

治疗方法

1. 目前并没有治疗猫心肌肥厚的药物，只能使用药物或其他手段来治疗猫的并发症，用药需要在专业宠物医生的指导下进行，主人不可以擅自用药。

2. 当猫出现心律不齐和心动过速时，可以服用相关药物来放松心肌和缓解心律失常。

3. 当猫出现充血性心力衰竭时，可以服用相关药物来改善心脏血流量。

4. 如果有体液潴留的情况，可以使用利尿剂呋塞米来排出体内多余体液。

5. 如果胸腔内有大量积液，压迫了猫的呼吸，可以考虑通过穿刺引流。

6. 已经形成血栓时，需要使用溶栓剂来治疗。

7. 猫呼吸困难时还可以进行吸氧治疗。

预防方法

1. 目前已知的两种致病基因分别存在于缅因猫和布偶猫身上，所以对于这两种猫来说，最好是通过基因检测来筛查是否携带肥厚型心肌病的致病基因，尽量避免让携带致病基因的猫繁殖。

但是对于其他品种的猫，基因检测并不一定能起到作用，因为肥厚型心肌病还存在其他未知的致病基因。

2.给猫定期做身体检查，特别是心脏检查。

护理事项

猫出现心肌肥厚，并不一定都会发展为心力衰竭。除了监测病情的发展外，如果能够得到良好的照料，可以延缓疾病的发展，延长猫的寿命。

1.避免摄入过多盐分，可以让猫吃处方猫粮，起到控制血压、防止水分潴留、减轻心脏循环压力、提高心脏功能的作用。

2.不要让猫运动过度，减少心脏的负担。

3.让猫待在安静和安全的环境中，避免陌生动物和人的打扰，以免使其发怒或紧张，刺激猫的神经系统，增加心脏的负荷，防止猝死。

哪些猫容易患肥厚型心肌病

发病年龄：肥厚型心肌病的发病可见于任何年龄，但多见于5岁到7岁的成年猫，而且公猫要比母猫更容易患病。

高发品种：任何品种都可能发病，以缅因猫、布偶猫、美国短毛猫、英国短毛猫、波斯猫、西伯利亚猫、苏格兰折耳猫等品种最为常见。

🐾 骨肉瘤

猫的骨肉瘤属于原发性骨癌中占比最大的一种，是一种由骨细胞产生的恶性肿瘤。骨肉瘤按细胞成分的不同，可以分为分化不良型、成骨细胞型、成软骨细胞型、成纤维细胞型等。

不同年龄的猫都可能会患病，但以老年猫较多，平均发病年龄为 10 岁。

临床症状

猫的局部骨骼出现肿胀、发热，因感觉疼痛而跛行，病情逐渐加重后肌肉会萎缩，可能会出现骨折。猫会抑郁、厌食、体重下降。

因为是骨头的肿瘤，所以猫的四肢、脊柱和头骨的骨头都可能会患病。但多发生在前肢和后肢，头盖骨和肋骨相对少见。

病因

猫骨肉瘤的病因分为内因和外因。常见的内因有免疫系统缺陷导致的免疫功能低下、内分泌系统功能紊乱和神经系统功能紊乱等。另外，遗传因素、年龄、营养、微量元素对骨肉瘤的发生也有一定的影响。

常见的外因有创伤，如未修复的骨折等。因为损伤有可能导致骨细胞变异，从而引起骨细胞突变。另外，猫做过放射线治疗也可能会诱发骨肉瘤。

治疗方法

猫骨肉瘤目前没有很好的预防方法，所以要及早发现，在肿瘤比较小的时候尽快手术。

对于四肢的骨肉瘤，在肿瘤没有转移的情况下，首选的治疗方法是截肢，切除病变组织。手术治疗骨肉瘤后，需要采取化疗进行辅助治疗。有数据显示，在病灶没有转移的情况下，将猫的四肢骨肉瘤切除后，能够存活至少 2 年且预后良好。

如果不愿意给猫截肢的话，也可以选择放疗和化疗来止痛，但复发率比较高。放射疗法是通过破坏猫的局部神经末梢来止痛。化疗药物目前比较常用的基础药物是顺铂。大量使用顺铂可能会增加对肾脏的损伤，而小剂量药物又难以产生效果。

🐾 鼻腔肿瘤

　　猫的鼻子堵塞，除了上呼吸道感染外，也有鼻腔出现增生物的可能，最常见的是淋巴瘤，其次是上皮性肿瘤。

　　猫的鼻腔肿瘤虽然能治疗，但是肿瘤通常发现得比较晚，而且多数是恶性的，所以治疗比较困难。

临床症状

　　1.通常的表现是鼻腔出现堵塞情况，伴随有打喷嚏、打鼾、张口呼吸、咳嗽、嗜睡、厌食等症状。

　　2.鼻腔的分泌物会从水状、黏液状发展到脓血状，症状会从单侧发展到双侧。

　　3.如果肿瘤长在鼻腔或前额，猫会表现为疼痛、面部扭曲畸形、眼球突出等症状。

治疗方法

　　1.猫的鼻腔肿瘤如果属于良性，可以手术切除，但需要根据肿瘤位置和肿瘤大小视情况而定，术后需要进行消炎抗菌治疗。如果不能切除，需要进行化学疗法。

　　2.如果猫的鼻腔肿瘤属于恶性，没有扩散，可以手术切除，然后进行放射疗法，化学疗法也可以同时进行。放疗或化疗可以延长猫的存活时间。

哪些猫容易患鼻腔肿瘤

猫发生鼻腔恶性肿瘤的年龄平均在 9 ~ 10 岁。

🐾 乳腺肿瘤

乳腺肿瘤是猫比较容易患的一种癌症，如果发现比较晚，出现转移，致死率比较高。

猫乳腺肿瘤分为良性肿瘤和恶性肿瘤。良性肿瘤表现为纤维瘤、乳腺结节等，而且体积比较小，临床症状不太严重。恶性肿瘤体积较大，术后仍有转移的可能。

临床症状

1. 一般表现在猫的乳房附近有坚硬、结节状的肿块，很多猫会有多个肿瘤。乳房周围还会发红、肿胀，乳头周围会发热，有疼痛感，有分泌物。

2. 会有全身发热、食欲不振、精神抑郁的现象。

3. 可能会向淋巴、肺脏、胸膜或肝脏转移，造成胸腔积液，导致呼吸困难。

哪些猫容易患乳腺肿瘤

1. 母猫患乳腺肿瘤的概率比较高。虽然公猫也会得乳腺肿瘤，但概率要小很多。

2. 多发生在中老年猫身上，大多数在 10 岁以上。

3. 从品种来看，暹罗猫更容易患乳腺肿瘤。

4. 雌激素和猫乳腺肿瘤的形成有很大关联性，所以没有做绝育的猫比做过绝育的猫发病率高。

治疗方法

1. 如果乳腺肿瘤属于良性，肿瘤比较小，没有临床症状，带猫定期复查，观察病情的变化。如果肿瘤比较大，症状明显时，建议手术切除。

2. 如果确诊为恶性肿瘤，单侧肿瘤就需要切除单侧乳腺，双侧肿瘤就需要切除双侧乳腺。

3. 乳腺肿瘤已经向淋巴转移时，除了切除术外，还需要化学疗法配合药物治疗。

4. 对于年轻的猫来说，手术切除患处是最好的治疗方法，肿瘤越小，术后恢复越快。

5. 如果猫年纪偏大，手术的风险相对较大，也可以采取保守疗法，使用药物和化疗的方法抑制癌细胞扩散，延长猫的寿命。

6. 猫的手术完成后需要定期复查。

预防方法

1. 做绝育手术是最好的预防方法，如果确定母猫不繁殖，可以尽早为其做绝育手术。最好是在 6 个月之前做绝育，可以降低患乳腺肿瘤的大部分风险。如果是在 2 岁之后做绝育手术，对降低乳腺肿瘤的发病概率作用很有限。

2. 主人要经常触摸猫的乳房，查看是否有不正常或持续增大的肿块，如果有异常情况，要及时带猫去医院做相关检查。

猫乳腺肿瘤的术后生存期

猫乳腺肿瘤的术后存活时间与肿瘤的大小和是否出现转移有关。

1.猫的乳腺肿瘤如果小于2厘米，手术治疗后存活时间大于3年。

肿瘤如果在2～3厘米，没有转移的情况下，术后可以存活大于2年。

肿瘤如果大于3厘米，术后存活时间小于1年。

2.如果乳腺肿瘤向淋巴结转移，猫的存活时间会明显缩短。

🐾 淋巴瘤

淋巴瘤是猫最常见的肿瘤之一，属于恶性肿瘤。其主要是由恶性淋巴细胞的异常增殖引起的。根据肿瘤细胞的形态，分为大细胞型淋巴瘤和小细胞型淋巴瘤。大细胞型淋巴瘤恶性程度比较高，猫患病后病情恶化比较快，预后情况比较差；小细胞型淋巴瘤的恶性程度比大细胞型淋巴瘤低，病情发展比较慢，预后情况相对来说较好。

临床症状

猫的淋巴瘤可以发生于全身任何组织和器官，所以临床症状的类型多样。

1.消化道淋巴瘤：猫厌食，呕吐，腹泻，体重减轻，便血。

2.多中心型淋巴瘤：猫会倦怠，精神不佳，全身各器官都可能出现淋巴结肿大，如果是肝脏或脾脏，会出现肝脏或脾脏肿块。如果是体表的淋巴结，则会表现为腋窝或颈部有蚕豆大小的肿块。

3. 纵膈淋巴瘤：呼吸困难，胸部坚硬，可能伴随胸腔积液。

4. 鼻咽部淋巴瘤：打喷嚏，流鼻涕，流鼻血，呼吸困难，严重时眼球突出，面部畸形。

5. 肾淋巴瘤：猫会倦怠，精神不佳，多饮多尿，体重减轻，肾脏肿大。

6. 脊髓或中枢神经系统淋巴瘤：后肢虚弱麻痹，行为异常，共济失调，严重时会昏迷，瘫痪，失明。

7. 皮肤淋巴瘤：猫的皮肤或皮下组织出现单个或多个结节。

病因

1. 猫免疫缺陷病毒会增加淋巴瘤的发病率，因为免疫缺陷病毒会导致免疫抑制，在肿瘤形成中起到间接作用。

2. 猫白血病病毒也是引起淋巴瘤的原因之一。

3. 猫长期暴露于有烟雾的环境中，比如二手烟，会增加患淋巴瘤的风险。

4. 饮食原因。

治疗方法

1. 通常采用化学疗法来抑制猫体内的淋巴瘤细胞，常用的是组合化疗方案，如 CHOP 方案、COP 方案等，这种方法可以比较好地治疗鼻腔淋巴瘤和纵膈淋巴瘤。

2. 根据淋巴瘤的发生部位、严重程度和猫对化疗的耐受程度，可以采用输液、补充营养、插管等治疗方法。

预防方法

1. 为了预防感染猫免疫缺陷病毒和猫白血病病毒，可以给猫接种相关疫苗，减少感染病毒的机会，降低患淋巴瘤的风险。

2. 避免让猫接触二手烟，降低猫淋巴瘤的发病率。

猫淋巴瘤的术后生存期

猫淋巴瘤的术后存活时间与肿瘤发生部位和类型有关，但通常不会超过 2 年。

一般患小细胞低级别消化道淋巴瘤的猫预后情况最好，存活时间最长。其次是鼻腔淋巴瘤，存活时间为 18 个月。患其他类型淋巴瘤的猫存活时间较短，大概在 1 年以下，有的只有几个月。

🐾 猫鳞状细胞癌

猫的鳞状细胞癌发生于猫身体表面的皮肤，是鳞状上皮的癌症病变，属于猫常见的皮肤癌症。鳞状细胞癌多发生在头部的耳郭、鼻子表面、眼睑、嘴唇、额头等处，口腔的牙龈、舌头和舌下部位。后期癌细胞可能会转移到淋巴结，入侵骨骼，扩散到肺脏、肝脏和其他内脏器官。

临床症状

1. 皮肤上的鳞状细胞癌表现为猫皮肤表面有损伤，呈火山口状或扁平状的斑块，表面发红，或覆盖痂皮，形成溃疡，病变处会有色素沉着和脱毛，肿瘤区域会发生肿胀。

2. 口腔里的鳞状细胞癌表现为溃疡和肿块，口腔有异味，吞咽困难，晚期时癌细胞侵犯骨骼，会导致面部肿胀。

3. 癌细胞转移到肺脏时，会引起猫干咳、喘息、咯血、呼吸困难、精神不振、体重减轻。

病因

1. 长期让猫暴露在强烈的日光下，被紫外线伤害。

2. 有害成分和物质的刺激，比如甲基胆蒽和苯并芘、石蜡和柏油等。

3. 猫身体发生损伤，比如烧伤、冻伤、慢性炎症等。

治疗方法

1. 如果肿瘤比较小，猫身体健康的话，可以手术切除肿瘤。

2. 如果是猫的扁桃体增生鳞状细胞癌，因为这个部位的癌症很可能转移，一般不建议手术，可以使用放射疗法。

3. 如果癌症部位无法手术切除或已经扩散到其他器官，且猫体质虚弱的话，可以使用化学疗法，配合药物抑制癌细胞扩散。

哪种猫容易患鳞状细胞癌

1. 鳞状细胞癌通常发生在 10 岁以上的老年猫身上。

2. 无毛猫或毛发稀疏的猫因为皮肤缺少保护，更易患病。

3. 浅颜色的猫因为毛发中色素较少，更容易被紫外线伤害而患癌，白猫的患病率尤其高。

4. 猫如果有慢性的牙周疾病，也比较容易诱发鳞状细胞癌。

🐾 猫腹腔肿瘤

猫的腹腔内发生肿瘤的概率要比狗低很多，但是发生的肿瘤几乎都是恶性的。以下器官的肿瘤大多为淋巴管肉瘤和腺瘤：

1. 消化道：主要是胃部、大肠和小肠。

2. 猫的肝脏、胆囊、胆管和脾脏。

3. 泌尿系统：主要是肾脏和膀胱。

4. 生殖系统：公猫的睾丸，母猫的卵巢和子宫。

5. 猫的其他器官，比如胰腺、淋巴结等。

临床症状

猫的腹腔肿瘤因为症状不太明显，经常会与其他疾病混淆。特别是肿瘤体积不大，不能通过触摸感觉到时，所以经常会被主人忽视。主人如果发现猫出现腹水、肚子里有硬物，要及时就医，判断发病的器官和原因，鉴别是脓肿、囊肿还是肿瘤，以免延误病情。

后期肿瘤会损害内脏和周围组织，产生如下症状：

1. 消化道肿瘤：猫会呕吐、食欲不振、便秘或腹泻，还会出现便血、吐血等症状。主人一般可以通过触摸猫的腹部感觉到肿块，但如果是胃部肿瘤，只有在体积很大时才能感觉到。

2. 肝胆、脾脏肿瘤：这两部分器官的肿瘤会引起猫腹水、黄疸、腹部压痛，还有食欲不振、呕吐和体重下降。肝脏肿瘤发现症状时通常已经比较严重了。

3. 脾脏肿瘤：脾脏肿瘤除了使猫腹部和脾脏肿大外，还会引发贫血问题。

4. 泌尿系统肿瘤：主要症状是排尿困难、少尿或多尿、尿血、排尿时疼痛等。

5. 生殖器肿瘤：公猫出现隐睾、脱毛的症状，母猫会有异常出血、发情周期异常的症状，生殖器肿瘤还会导致公猫和母猫出现不育的现象。

6. 胰腺肿瘤：会出现黄疸、疼痛、低血糖，还会引发消化道症状。

病因

腹腔肿瘤的发病原因主要分为内因和外因。

1. 内因：受遗传、免疫力、内分泌和营养因素影响。

2. 外因：主要受病毒和化学成分、有毒物质的刺激。猫白血病病毒会引起猫的造血和淋巴系统肿瘤，这两类肿瘤的发病率比其他类型的肿瘤要高出很多。另外，淋巴管肉瘤病毒也会引起肿瘤，所以病毒在猫患肿瘤的原因中占比较大。

治疗方法

猫患腹腔肿瘤一般有两种治疗方法：手术切除和化学疗法。

1. 如果医生判断肿瘤为良性，大多会采取切除的办法。

2. 恶性肿瘤发生转移时，除了手术切除外，还需要配合化疗来抑制癌细胞的增殖。

🐾 猫阿狄森氏病

阿狄森氏病，全称为肾上腺皮质功能减退症，是由缺少糖皮质激素或盐皮质激素引起的一系列临床综合征。这种病通常是原发性的，发病原因并不明确，且患病率低。任何年龄的猫都可能患这种病，中老年猫的患病概率比较高。

临床症状

大多数患肾上腺皮质功能减退的猫会出现低钠血症、低氯血症、高钾血症和肾前氮质血症。猫如果在血常规检查中出现钠钾比低的现象，很有可能是阿狄森氏病。具体症状表现如下。

1. 早期症状和肾衰竭类似，猫会多饮多尿，脱水，血压降低，厌食，精神萎靡，嗜睡。

2. 后期症状有呕吐、体重下降、对称性脱毛，病情时好时坏。

3. 如果出现严重脱水、血压极低、体温过低、休克等症状，代表症状严重，可能危及生命。

治疗方法

1. 治疗阿狄森氏病最重要的是给猫补充盐皮质激素和糖皮质激素，补充之前需要对血液中的电解质进行检测，根据电解质浓度确定剂量。

2. 补充盐皮质激素可以注射三甲醋酸去氧皮质酮（DOCP）。

3. 补充糖皮质激素，可以口服氟氢可的松，这种药物具有和糖皮质激素一样的功效，缺点是价格相对比较贵。

第六章
关注老年猫的健康问题

🐾 肥胖

圆滚滚的猫很可爱，总让人忍不住撸两把。可是肥胖会带来很多健康问题，特别是老年猫，主人一定要注意控制老年猫的体重，减少疾病的发生，延长它们的寿命。

年龄在 10 岁以上的猫比较容易肥胖，因为猫进入老年后，新陈代谢会减慢，运动量减少，再加上饮食的热量没有降低，就很容易肥胖。

另外，母猫肥胖的概率大于公猫，父母肥胖的猫，其子女也容易肥胖。

猫肥胖的判断标准

我们可以根据猫的体重来判断猫是否肥胖，不同品种成年猫的标准体重如下表。

品种	母猫标准体重（千克）	公猫标准体重（千克）
暹罗猫	3.5 ~ 4.5	4.5 ~ 6
橘猫	3 ~ 4	4 ~ 4.5
斯芬克斯猫	3.5 ~ 5	4.5 ~ 6
英短猫	3.5 ~ 4	4.5 ~ 6
美短猫	4 ~ 5.5	6 ~ 7.5
加菲猫	4 ~ 6	5 ~ 7
布偶猫	4.5 ~ 5.5	6 ~ 8
缅因猫	5 ~ 7	7 ~ 10

另外，从猫的体态上也可以判断猫是否肥胖，有以下情况的猫可以判定为肥胖：

1. 俯视角度看，猫身体中间明显宽，看上去像个橄榄球。

2. 侧面看，猫的肚子下垂，看不出腰部的线条，走路时会有明显的晃动。

3. 双手触摸肋骨部位时，很难摸到肋骨。

4. 猫的尾巴很粗，有很厚的脂肪覆盖，抚摸时难以触摸到尾骨。

原因

1. 公猫和母猫绝育后如果没有适当控制体重，容易导致肥胖。

2. 如果猫患有糖尿病、甲状腺功能减退等疾病，可能会引起食欲亢进和嗜睡，体重也会随之增加。

3. 猫经常吃高热量、高脂肪的食物，而且食量和进食次数没有节制，很容易发胖。

4. 猫缺乏运动，也很容易发胖。

猫肥胖容易引发的疾病

1. 由于摄入过多高脂肪导致的肥胖，如果突然停止进食，会引起脂肪肝。

2. 猫肥胖时，心肺功能容易出现问题，易患心脏病、肺水肿等疾病。

3. 猫肥胖容易导致胰岛素代谢紊乱，增加患糖尿病、胰腺炎的风险。

4. 肥胖的猫关节容易磨损，导致关节炎，行动会出现障碍，也会给脊椎造成一定的负担，导致椎间盘突出。

帮助老年猫减肥

1. 在给老年猫减肥之前要先去医院做身体检查，查看是否患有疾病，如果患病要先治疗再减肥。另外，制定减肥计划前要征询医生的建议。

2. 如果猫身体健康，饮食正常，只是体重超标，就要适当增加猫的活动量，从而加速热量消耗，减少脂肪堆积，如多和猫互动，多陪猫玩耍。

3. 老年猫要控制好喂食量，少食多餐、定点定量，不要喂高脂肪、高热量的食物，减少蛋白质的摄入，适当增加食物中纤维素的含量，可以喂食有减肥功能的猫粮。

4. 控制好零食，减少热量的摄入。

🐾 骨关节炎

猫的关节炎全称叫"退行性骨关节炎"，是由于保护骨关节的软骨退化导致的。因为猫很能忍受疼痛，等到发现时问题已经比较严重了。

临床症状

1. 猫患上骨关节炎后，活动量会减少，跳跃和攀爬的动作明显减少，也很少舔舐自己的毛发了，喜欢休息和睡觉。

2. 睡醒后或休息后动作僵硬，偶尔会出现拖行或跛行的姿态。

病因

1. 猫年老时，身体机能退化，都会出现骨关节炎的症状。

2. 骨折、脱位等其他一些骨关节损伤，会继发骨关节炎。

3. 猫的体重超标会给关节增加负担，加速关节的磨损和退化，容易引发骨关节炎。

4. 先天性遗传因素也是病因之一。像折耳猫，因为有遗传性的软骨发育异常，特别容易发生严重的骨关节炎；暹罗猫和缅因猫也具有遗传性的髋关节发育不良倾向。

5. 猫患上肢端肥大症后，体内的激素异常可能会继发骨关节炎。

6. 缺乏相关的营养，会让猫的骨骼质量变差，容易发生骨关节炎。

治疗方法

确诊骨关节炎的最好方法是 X 射线片，确诊后可以采取如下治疗方法。

1. 使用非类固醇抗炎药进行消炎止痛，如美洛昔康，但是这种药不能使用在患有慢性肾衰、肝病、心脏病、胃肠疾病、凝血异常的猫身上，有呕吐、腹泻等副作用。

2. 使用曲马多和丁丙诺啡等止痛药止痛。

3. 氨基葡萄糖、硫酸软骨素和 $\Omega-3$ 脂肪酸等营养补充剂可以强化骨关节表面的软骨组织，缓解轻微疼痛，延缓病情。

护理事项

1. 患关节炎的猫要控制体重，以免肥胖增加关节的负担。日常饮食要注意热量的摄入，让猫的体重维持在合理的范围内。

2. 更换一个更容易让猫进入的猫砂盆，将食盆、水盆放在猫方便接触的地方，让它的生活更加便捷舒适。

3. 在猫需要通过的地方，增加台阶或者斜坡，这样既可以缩小猫的动作幅度，避免拉扯受损的关节，又能让猫到达想去的地方。

4. 给猫准备柔软舒适的猫窝，保持室内环境干燥温暖，湿冷的环境会让猫感觉不舒服。

5. 猫患骨关节炎后自己清洁毛发比较困难，主人可以多帮它梳理毛发。

骨关节炎不能被治愈，只能够通过减缓猫的痛苦来提高猫的生活质量。但若得到妥善照顾，猫的寿命基本不受影响。

预防方法

1. 选择优质的猫粮，营养配比合理的猫粮能够保证骨骼的健康。

2. 使用钙片和营养膏给猫补钙。

3. 控制猫的体重，用科学的方式帮助猫减肥，能降低患病概率。

4. 对于携带先天发病基因的折耳猫，减少繁育能够降低下一代幼猫出现骨关节炎的概率。

🐾 糖尿病

胰岛素是猫体内降血糖的激素，当胰岛素出现异常情况时，猫也会患糖尿病。

猫患糖尿病后如果没有得到治疗可能会出现多种并发症：医源性低血糖、细菌感染（常见的是泌尿道感染）、慢性胰腺炎、脂肪肝、外周神经病、酮症、酮症酸中毒。当患糖尿病的猫出现厌食、呕吐症状时，有可能是酮症酸中毒，会导致猫昏迷，甚至死亡。

临床症状

和人一样，猫患糖尿病的典型症状也是"三多一少"：饮水量、进食量、排尿量显著增加，体重持续下降。

此外，猫还容易疲倦、嗜睡、不爱活动，用跗关节与脚掌、脚趾走路，毛发稀薄、干枯、蓬乱。

病因

1. 猫糖尿病高发于 9 ~ 11 岁。随着年龄的增长，机体对胰岛素的利用能力逐渐下降，所以老年猫比较容易得糖尿病。

2. 体形肥胖的猫因为饮食过多，活动较少，对胰岛素的敏感性下降，容易患糖尿病。

3. 做绝育手术后的公猫因为激素水平变化，容易因肥胖导致胰岛素抵抗，增加患糖尿病的风险。

4. 猫患有内分泌类疾病，比如库欣综合征、肢端肥大症，皮质醇激素的增多会引起胰岛素抵抗。

5. 如果给猫长期大量使用糖皮质激素类的药物，体内糖皮质激素水平增加会引起胰岛素抵抗。

猫出现以上症状时，要及时去医院检查血糖。如果血糖值超过 250mg/dL，就叫作高血糖。不过猫在紧张时血糖也会升高，但在几小时内会恢复正常，所以需要多次测量血糖，以明确是否患糖尿病。

治疗方法

1. 常用治疗方法是注射胰岛素，胰岛素的类型和剂量需要由医生来判断。

2. 出现并发症时，可能会出现脱水现象，需要及时进行输液治疗，以保持体内电解质水平正常。

3. 让猫少食多餐，多做运动，增加食物中纤维的含量，控制体重。

护理事项

1. 喂食高蛋白、高纤维、低碳水的猫粮，但是如果猫患肾脏病和肝脏病，就需要适当控制高蛋白的饮食。

2. 减少餐后高血糖，在猫吃完食物后配以胰岛素促进血糖吸收。

3.用试纸测试猫尿液中的尿糖情况，如果有异常，及时去医院治疗。

4.带猫定期去医院体检，随时观察猫的精神状态。

🐾 甲状腺功能亢进

甲状腺功能亢进，通常称作"甲亢"。它是指身体内甲状腺生成和分泌激素过多的一种病症，会导致新陈代谢亢进。它是猫常见的内分泌疾病之一，过量的甲状腺激素会对身体多系统产生影响，严重时会导致猫出现甲状腺危象、甲状腺毒性心肌病和高血压。

甲亢分为单侧性和双侧性发病，双侧性发病的情况比较多。10岁以上的猫患甲亢的概率很高。猫年老时，吸收和代谢蛋白质的效率会降低，很容易患上甲亢。

临床症状

1.猫患甲亢的典型症状和糖尿病"三多一少"的症状类似，也是食欲增加、饮水增加、排尿增加、体重减轻。

2.猫的甲状腺肿大，通常可以在猫的脖子上触摸到肿块。

3.猫会异常兴奋、不安，活动量增加，毛发粗乱、脱毛，呕吐，心动过速，呼吸频率加快，震颤，有些猫会攻击主人。

4.有些猫会出现虚弱、腹泻、排便量增加的现象。

病因

1.目前，普遍认为甲状腺的病变是引起甲状腺激素分泌旺盛的主要原因，其中最多是甲状腺腺瘤样增生，其次是甲状腺腺瘤和甲状腺癌。

2. 猫误食或接触了某些化学成分也会导致甲亢，比如食物中的碘含量过多或过少，食物中含有大豆异黄酮。猫日常接触的塑料制品和罐头包装的内衬中含有多溴二苯醚和双酚 A，这些成分会影响甲状腺激素的分泌。

3. 有一种观点认为，猫如果不能从食物中获取足够的蛋白质，身体就会用甲状腺激素来分解自身的肌肉组织，来补充身体对蛋白质的需求，这样就引起了甲状腺功能亢进。

治疗方法

医院检测猫患甲亢的方法主要有血常规、甲状腺激素检测、放射性扫描等。

1. 确诊后的治疗方法主要有手术、放射、药物和食物治疗。后两种疗法停止后的复发率很高，所以如果是年轻、身体情况比较好的猫，甲亢病情严重、对药物和食物疗法反应较差、复发的情况可以采用前两种疗法。年老、肾功能严重不全的猫，可以采用后两种疗法。

2. 手术治疗是指切除猫的甲状腺，满足手术条件的猫除了年龄外，还需要麻醉风险低，没有与甲亢相关的并发症，没有肾功能不全或心脏问题。手术可能会损伤甲状旁腺，改变猫的叫声和呼噜声。

有些猫存在异位甲状腺，在完全切除甲状腺后仍然会复发，因为它们的身体里别的位置还存有甲状腺组织，比如在胸腔里，那就很难切除。

3.放射疗法是指注射或口服放射性化合物碘131，碘吸收辐射后会让甲状腺停止工作。这种疗法对医院的技术和设备有很高的要求，所以不是所有的医院都可以提供。

4.药物疗法常用的药物是甲巯咪唑，猫需要终身服药，而且这种药具有引发厌食、呕吐、昏睡和血液疾病等副作用。

5.食物疗法是指改变猫的饮食，选择猫粮时要关注食品成分列表，选择低碘的食物。

甲状腺功能亢进和慢性肾衰

甲亢最常见的并发症之一是慢性肾衰竭。如果猫同时患这两种疾病，甲亢会掩盖慢性肾衰竭的病情，因为甲亢会使肾功能检查的指标偏向正常，实际上甲亢会加速肾小球的硬化，使慢性肾衰竭更为严重。因此，猫同时患这两种疾病时，甲亢更容易被诊断，而肾脏功能的评判会受到干扰。

🐾 老年痴呆

10岁以上的猫有一定的概率会出现记忆衰退，15岁以上的老年猫患老年痴呆的概率很大。这是因为猫在老年时大脑神经细胞中会沉积一种淀粉样的蛋白质，引起脑神经系统恶化和衰退，出现进行性的认知功能障碍和行为问题。

临床症状

患老年痴呆的猫最明显的表现就是智力下降，精神错乱，具体表现有：

1.猫在熟悉的环境中会迷失方向，或者呆呆地困在某个地方。猫会忘记食盆、猫砂盆的位置，忘记刚刚吃过饭，会继续找主人要食物，但是给它后又不吃。

2.会无法控制肠道肌肉和膀胱，出现大小便失禁的情况。

3.因为听力和视力的下降，猫会听不见主人的呼唤，对主人也产生了陌生感，不爱和人互动玩耍。猫会烦躁不安，因为焦虑而突然之间嚎叫。

4.猫的睡眠习惯出现变化，该睡觉时不睡，不该睡觉的时间却会睡很久；不爱活动，很少打理自己的毛发，对从前爱吃的食物也没有了兴趣。

治疗方法

猫患老年痴呆后的行为变化并不具有特定性，其他疾病也可能导致类似的症状，所以需要带猫去医院做相关检查才能确诊。

1.可以给猫服用维生素 B_4 和咪多吡。前者价格便宜，没有副作用，后者部分猫可能会发生副作用。使用剂量须遵从医嘱。

2.如果猫在夜晚无法入睡，可以给它服用抗组胺类药物帮助减缓焦虑。

3.给猫补充对大脑和视神经有益的物质，例如 Ω–3 脂肪酸、Ω–6 脂肪酸、牛磺酸，这些物质通常存在于鱼、鱼油、肉类、鸡蛋等食物中。

护理事项

猫的老年痴呆无法逆转和治愈，只能够减缓疾病的发展进程，缓解猫的焦虑情绪，使用一定的干预措施来改善猫的生活状态。

1.经常和猫互动，多梳毛，多抚摸，多和它玩耍，适当增加猫的活动量。引导猫去不同的环境，增加它的探索欲和好奇心。

2.有条件的话，在房间中预备多个食盆、水盆、猫砂盆，来应对猫的健忘症，保障它饮食和生活的方便。

第七章
猫的怪异行为是在"求救"

🐾 歪头杀

当猫对着你歪头，做出倾听的样子时，是不是心都被融化了？不过，如果猫长时间歪头，可能是患上疾病的缘故。

耳部感染

前庭系统是猫等哺乳动物平衡身体的重要组成部分。如果耳部感染，引起猫的前庭神经功能障碍，会造成猫歪头，需要前往医院由医生查看内耳是否有红肿化脓的现象。

治疗时，因为外耳用药很难达到猫的中耳和内耳，所以在外耳用药的同时会口服抗生素进行治疗，比如兽用头孢类药物，一般可以痊愈。

脑部感染

如果经过检查，不是内耳炎，那么就可能是由细菌、病毒或寄生虫引起的脑炎，或者是肿瘤。但要确诊比较困难，需要由医生经过神经学检查，甚至是 MRI 检查才能确诊。

🐾 异常舔毛

猫一天中有三分之一的时间在舔毛，通常是为了清洁皮毛，或者是为了给皮肤降温或者保暖。但猫过度舔毛，就是一种异常行为，原因可能有很多种。

皮肤病

如果猫非常频繁地舔毛，或者抓挠、撕咬皮肤，主人要拨开毛发查看猫的皮肤上是否有红肿、脱毛、结痂、丘疹、皮屑和分泌物的现象，如果有则说明猫可能患上了皮肤病。通常猫的皮肤病都会让猫感觉到瘙痒，所以猫才会一直舔毛或用爪子抓挠。

外伤

猫身体上有伤口时也会习惯性地舔舐伤口，包括打架造成的外伤或术后没有愈合的伤口，舔舐伤口能够缓解猫的疼痛。

心理问题

当猫遭遇环境改变、见到陌生人、无人陪伴、遭到训斥，或者生病、受伤等状况时，会产生焦虑、紧张的情绪，患上抑郁症或者强迫症，引起行为改变。猫会通过舔毛来缓解不安和抑郁，转移注意力，让自己感到快乐。

🐾 异常黏人

排除某些性格比较亲人的猫，人们印象里的猫都比较高冷，不爱搭理人。不过，猫一旦爱黏着主人，也说明它有问题需要解决。

寻求食物

如果猫感觉到饥饿，就会围绕着主人，表现得特别黏人，这代表它需要主人提供食物。

发情期间

有些猫在发情期间会格外黏人，会对着主人不停地叫唤，还会蹭来蹭去。主人可给猫喂食罐头等湿粮或是猫喜爱的食物，避免猫在发情期间食欲下降，导致营养不良。

生病或受伤

猫在意外受伤或身体出现疾病，感觉到不舒服的时候，想要向主人寻求帮助，就会表现得非常黏人。这时主人要提高警惕，密切观察猫的进食情况、排便情况、精神状况，身体是否有创伤或异常的地方。

渴望陪伴和安抚

猫比较胆小，又很敏感。环境的变化、突发事件的刺激会让猫丧失安全感，无聊时需要主人的陪伴，很长时间不见主人会想念主人。还有的流浪猫被人收养后害怕再次被遗弃，也会很黏人。这些都是猫希望得到主人安抚的表现。

想要取暖

当温度低于15℃的时候，大部分的猫会感觉到不适，特别是幼猫、老年猫和体质较弱的猫。天气转冷、气温降低的时候，因为感觉到寒冷，猫会经常黏着主人，依靠人的体温来取暖。

注意，不要让猫和取暖设备离得太近。猫的毛发比较厚，对温度的变化比较迟钝，距离取暖设备过近，容易导致低温烫伤。

🐾 频繁摇头、挠耳朵

猫摇头晃脑、挠耳朵时，主人不要只会觉得它在撒娇卖萌，最好在这个时候检查一下猫的耳朵，因为这些动作可能预示着它得了病。

耳炎

耳炎是指耳部的炎症，根据位置不同，分为外耳炎、中耳炎和内耳炎。其中最常见的是外耳炎。

外耳炎的致病因素大多是细菌、霉菌、寄生虫、过敏、肿瘤等。除了甩头、摇耳朵，猫的耳道还会红肿，出现黑褐色或黄褐色的耳垢。

猫的中耳炎多由外耳炎引起，严重时会流口水、眼球内陷、反应迟钝。中耳炎还可能会与内耳炎同时发生，猫患内耳炎时会大幅度地摇头、眼球震颤、平衡性变差，运动失调。

飞虫入耳或者被蚊虫叮咬

如果猫之前好好的，突然之间跳起来，全身炸毛，表现得很惊恐，开始疯狂甩头和挠耳朵，那可能是有蚊虫叮咬，甚至进入了耳朵，猫感觉瘙痒，就会猛烈地甩头。

耳螨

耳螨进食时会刺激猫耳道的上皮细胞，让猫感觉耳朵奇痒无比并频繁地抓挠耳朵。

🐾 吃便便

以洁癖著称的猫也会吃粪便，是不是很让人惊讶？但此时猫主人更应该警惕起来，因为猫吃粪便大多是源于健康问题。

异食癖

正常的猫不会吃自己的粪便，一旦猫出现这种情况，可能是因为营养不良导致身体里缺乏微量元素，比如维生素或矿物质等。主人如果给猫喂食没有品质保证的猫粮，饮食结构单一会导致猫营养摄入不全面而患上异食癖。这时候的猫不仅会吃自己的粪便，还会吃其他不应该吃的东西。

主人要尽量选择品质有保证的猫粮，必要时可加喂宠物专用的营养补充剂。

消化系统问题

猫的肠胃出现问题，比如感染了蛔虫、绦虫等寄生虫，或者食用了无法消化的食物，出现了消化不良的症状，导致猫粪便中存在没有被自身吸收的营养或没有被消化的食物，猫会误以为这些粪便是食物，就会吃下去。

疾病导致的饥饿

如果猫患上某些代谢疾病，比如糖尿病、甲状腺疾病，会导致食欲增加，可能会吃自己的粪便。

🐾 爱舔塑料袋

有一部分猫喜欢撕咬、舔舐塑料袋，主人经常觉得很奇怪，难道那些昂贵的猫粮、零食和玩具都不能替代塑料袋带给猫的快乐吗？其实，猫喜欢塑料袋是有原因的。

非疾病原因

塑料袋的气味和质地

猫的嗅觉十分灵敏，曾经装过食物的塑料袋会残留食物的味道，猫闻到这些气味就像闻到食物的味道，会不自觉地对它们产生兴趣。

很多塑料袋的材料使用了玉米淀粉、硬脂酸、明胶等成分，硬脂酸、明胶都是从动物中提取的，不管是哪种，这些成分的气味都会引起猫的注意。

塑料袋产生的声音

人对塑料袋发出的声音比较厌烦，但是猫却很喜欢。因为这种声音在它们听起来酷似猫在外面捕捉猎物时，沙沙作响的草丛或树叶的声音，会让它们兴奋，甚至超过了猫薄荷的魅力，怎能不让猫咪着迷？

疾病原因

口腔问题

猫在换牙期间会啃咬各种物体，因为牙齿在生长期间会让猫感到疼痛。塑料袋质地柔软，不会伤到猫的牙齿，气味也能让猫分散注意力，减轻痛感，所以舔舐塑料袋会让猫感到舒适。

异食癖

猫体内缺乏微量元素会导致其撕咬、吞食异物，比如塑料袋。

强迫症

如果猫感觉到压力无法克服，就会出现一些怪异的强迫性行为，比如吃塑料袋。咀嚼可以让猫舒缓下来，放松精神上的紧张。

猫玩塑料袋的危险

尽管塑料袋对猫来说是有趣的东西，但是扑咬、啃食塑料袋存在危险。

如果猫独自在家玩塑料袋，头埋在塑料袋里，可能会缠住猫的脖颈，或者蒙住猫的口鼻，猫会受伤或窒息。

如果猫撕咬塑料袋，可能会吞食掉小片的塑料，塑料碎片卡在喉咙，会阻碍呼吸和进食，进入肠胃后不能被消化，可能会导致肠梗阻。

🐾 用肛门蹭地面

猫的屁股很敏感，因为裸露在外面，所以很容易得病。如果猫的两条后腿向前伸直，坐在地上用屁股摩擦地面，而且总是用舌头舔舐肛门，这种异常行为可能是猫得病的信号。

腹泻

猫出现腹泻时，粪便会稀软，或者像水一样，很容易沾到肛门附近的毛发上，有瘙痒感，它们就会在地上蹭来蹭去，想把粪便蹭干净。

肛门腺炎

猫的肛门腺也叫作肛门囊，是肛门括约肌的囊袋状腺体，形状像个梨形的小袋子，在肛门下的四点钟和八点钟方向各有一个，会分泌咖啡色、褐色或灰色的肛门腺黏液，作用是润滑粪便。

如果猫除了摩擦屁股，舔舐肛门外，还会异常嚎叫，烦躁不安，排便困难，肛门周围发炎、破溃、糜烂，甚至有脓血或硬块，说明猫得了肛门腺炎。一般体形肥胖、胃肠功能差的猫及老年猫容易患肛门腺炎。

如果猫得了肛门腺炎，需要先将肛门腺内的分泌物挤压出来，再使用抗炎药，促进肛门腺恢复。这个操作建议前往医院，让医生帮忙挤出肛门腺，并做相关检查。

通常情况下，健康的猫咪能自己排出肛门腺的分泌物，不需要主人定期帮忙挤。

🐾 突然乱尿

习惯使用猫砂的猫突然出现乱尿的情况，会让很多主人瞬间崩溃。主人不得不在家里四处寻找尿液的痕迹，擦地板、洗床单……以至于很多猫被弃养。那么，猫为什么会乱尿呢？

标记领地

1.有的猫性格敏感，看到家中来了陌生人，或其他新宠物后，会认为自己的地盘被侵占，也会用乱尿的方式来宣示领地权。

猫标记领地时的排尿姿势与平常排尿姿势不同。猫会后腿站立，将尿液像水枪一样喷射在某个垂直面上，例如墙面、门、床和沙发靠背等。排尿时猫会踱步，或在垂直面前倒退几步，而且尾巴笔直。这种喷射出来的尿量通常比正常尿量要少。

2.因为激素分泌的缘故，在性成熟后，公猫会通过尿液来占领属于自己的领地。母猫为了吸引公猫的注意力，也会出现乱尿的情况。

猫在绝育后体内的激素会经过一段时间才能降低，可能乱尿的情况还会持续一段时间才能逐渐好转。

要减少猫的乱尿行为，除了及时绝育，还要及时找到乱尿的诱因，比如疾病、环境变化、多猫家庭的领导权争斗等，需要主人平时多加观察。主人可以将橘子皮、柚子皮等放在猫经常乱尿的地方，猫闻到这些不喜欢的味道就不会再去了。但这只能暂时解决问题。

家中如果要养新的宠物，最好先彼此隔离一周，用带有双方气味的物品逐渐试探，等双方适应后再解除隔离。

泌尿系统疾病

当猫患上尿路感染、膀胱炎、尿结石等泌尿道疾病时，会导致猫出现尿频、尿少、尿痛、排尿时嚎叫等情况，让猫的排泄变得困难，猫觉得去猫砂盆排便会疼痛，所以会在猫砂盆外排尿。有些老年猫会因为身体机能减弱而大小便失禁，也会随地小便。

猫砂盆的问题

1. 猫砂盆太小，不能在里面自如转身。建议选择能达到猫体长 1.5 倍的猫砂盆。

2. 有的猫不喜欢在同一个盆里排尿和排便，最好准备两个猫砂盆，多猫家庭为 N+1 个。

3. 猫砂盆摆放在了猫不方便寻找的地方，或者放置在嘈杂的地方（比如过道、洗衣机旁边、音响旁边、儿童的活动区域），和食盆、水盆、猫窝等物品放在一起，猫也会不喜欢使用猫砂盆。建议把猫砂盆摆放在私密、安静的场所。

猫砂的问题

1. 猫的嗅觉非常灵敏，是人类的 10 ~ 14 倍。如果猫砂使用后没有及时清理，猫会因为猫砂有味道而拒绝使用。建议每天清理两次猫砂，最好是随用随清。猫砂要在两周内全部更换一次，豆腐猫砂最好在 10 天左右全部更换一次。

2. 猫在排泄后习惯将排泄物掩埋起来，所以猫砂的厚度至少要在 5 厘米，如果猫砂的厚度不够，也会影响猫的使用。

3. 有些猫砂的味道猫不喜欢，比如松木砂的香味，可以购买没有味道的猫砂。除了味道，猫砂的颗粒大小、材质也会影响猫的喜好，可以通过试用，选择一款猫喜欢的猫砂。

心理和情绪问题

搬家，家里环境的改变、主人的陪伴变少等，都会让猫因为焦虑而发生应激反应，出现乱尿的现象。

🐾 软便

猫正常的大便呈条状，很容易被铲起，软便呈糊状，黏腻不易清理。猫的大便可以反映其身体状况，建议主人每天清理猫砂盆时多注意观察。

肠胃问题

1.猫的肠胃脆弱，如果突然更换猫粮，猫会因为肠胃不适应而出现软便的情况。所以，建议使用七日换粮法，逐渐替换旧猫粮，即第一、二天，新旧猫粮的比例为1∶4；第三天，新旧猫粮的比例为2∶3；第四天，新旧猫粮的比例为3∶2；第五、六天，新旧猫粮的比例为4∶1；第七天全部换为新粮。

2.猫的饮食不规律，吃得过多会导致肠道无法消化食物，未消化的猫粮会随着粪便一起排出，形成软便。所以要尽量选择低脂高蛋白的优质猫粮。

3.猫吃了不新鲜、不干净的食物，或因为更换环境、受到呵斥出现情绪问题等，也会导致出现软便。

寄生虫

猫感染体内寄生虫，比如绦虫、蛔虫、球虫等，寄生虫会破坏肠道黏膜，引起炎症，猫会出现软便和腹泻的症状。

老年猫

猫进入老年时，会因为身体机能的衰退，比如肠道功能的减退，或者内脏器官的病变，比如胰腺炎、肾衰竭等，出现软便的问题。

🐾 呕吐

主人觉得猫呕吐时的样子很吓人，总是会被搞得很紧张。但其实如果找到猫呕吐的原因，采取措施就能够让猫早日恢复健康。猫的呕吐物不同，症状不同，背后的原因也大不相同。

胃液

猫的呕吐物呈黏液透明状，并带有白色泡沫，或将黄色胆汁一并吐出来，或带有血丝。这说明猫的胃里没有食物，是空腹呕吐，很可能是肠胃炎，建议尽快把猫咪送医治疗。

完全未消化的食物

呕吐物整体呈长条状，猫粮清晰可见，是食物在猫的食管中被挤压后的形状。说明食物尚未进入猫的胃部就被吐了出来，是一种反流情况。原因可能是食物太硬难以消化出现倒流，或者是猫患有先天或后天的巨食管症，以致肠道无法蠕动消化。建议把干粮浸泡后给猫食用，或者食用罐头制品，如果呕吐依然没有改善，尽快送医检查。

未消化完的食物

猫在进食半小时后开始呕吐，而且呕吐物里有没被消化的食物，说明猫吃得太快或太多，导致消化不良而呕吐，或者是猫对新换的猫粮不适应导致的肠胃敏感。建议采用少食多餐的喂养方式。

毛球

猫的呕吐物是毛发时，说明猫的食管或肠道中积累了过多的毛发，胃黏膜受到刺激，出现呕吐的症状。主要要坚持给猫梳毛，或者喂食化毛膏。

应对方法

猫呕吐后，可以先禁食禁水 12 小时左右，以免加重呕吐的症状，但断食不能超过 24 小时。同时观察猫的后续情况、呕吐次数和精神状态，如果呕吐后一切正常，可以恢复正常饮食，坚持少食多餐的原则。

🐾 喝水量剧增

猫不爱喝水时，主人会很烦恼，想尽办法让猫多喝水。可是如果猫突然喝很多水时，主人也不要太高兴，那说明猫的身体可能也出现了问题。

正常情况下，一只 4 千克重的健康成年猫，如果只吃干粮，每天需要喝下 200 ~ 250 毫升的水才能满足身体所需。猫主人可以据此推算自家的猫每天的饮水量是否正常。

疾病原因

如果猫的生活环境和饮食没有发生改变，突然大量喝水，可能是患上了以下疾病：

1.肾脏疾病：猫的肾脏出现问题，功能退化时，需要更多水分来代谢废物。

2.内分泌疾病：猫患有糖尿病、甲状腺功能亢进等疾病时，会出现饮水增多的现象。此外还会有食量增加、排尿量增加、体重减轻的症状。

脱水

猫出现脱水症状时，也会大量喝水。猫的脱水症状非常危险，情况严重的话会导致猫死亡。

建议给室内安装窗帘遮光，炎热的夏季要使用空调降温，防止中暑。

食物过咸

猫吃的猫粮、零食太咸的话，猫会通过多喝水来解渴。最好选择低盐配方的猫粮和零食，以保证猫的营养需求。

🐾 跛行

猫正常走路时的姿势非常优雅，当它走路出现跛行等异常姿势时，主人要提高警惕，及时分析原因并处理。

脚部外伤

猫的脚部可能会因打架被咬伤或抓伤，也可能会被异物刺伤，或者趾甲断裂，但因为被脚部的毛发覆盖，主人没有及时发现。

主人要给猫去除伤口异物，清洗伤口，用碘伏消毒，可以使用宠物伤口愈合剂覆盖伤口。如果伤口严重，需要送往医院治疗。

爪部皮炎

猫爪部肉垫增厚、肿胀，严重开裂，甚至流血，猫会感觉疼痛，无法着地。

骨折

猫的骨头受到巨大冲击力时，比如跳高、车祸、打架等，很容易造成骨折。

肌肉拉伤

猫在活动时有可能造成肌肉拉伤。主人可以轻柔地拉伸猫受伤的腿，如果猫发出疼痛的叫声，受伤的腿仍然是柔软的状态，说明是肌肉拉伤。可以使用刺激性小的消炎药或止痛药来缓解病情，一般情况下要限制猫的活动，几天后猫会痊愈。

长期缺钙

猫长期缺钙时会和人一样，骨骼会出现问题，除了跛行和走路歪斜，猫还会出现抽搐、腰部不能挺直、站立困难、跳不高等症状。

主人可以给猫选择蛋白质含量合理的猫粮，或者补充宠物专用的乳酸钙片、钙磷粉或液体钙等。另外，还要让猫适度晒太阳以促进钙的吸收。

杯状病毒

猫感染了杯状病毒后，会出现关节问题，导致跛行。

🐾 咬尾巴

猫追咬自己尾巴的情况时有发生，主人大多会一笑置之，但是咬尾巴这件事情可大可小，如果是因为疾病引起，就需要引起警惕了。

生理性原因

猫在无聊时会追逐自己的尾巴转圈或咬自己的尾巴，这是一种自娱自乐的行为。很多猫都会把自己的尾巴当作游戏的玩具。

另外，狩猎是猫天生的本能，它们不只是追赶昆虫、鸟类，有时也会把自己的尾巴当作捕猎的对象。

病理性原因

外伤

猫的尾巴被尖锐或锋利的物体划伤，或者被咬伤，猫会感觉疼痛，试图用咬尾巴的方式缓解不适感。如果伤口比较小，主人可以清洗伤口后，用碘伏消毒。

寄生虫

猫感染跳蚤、蠕形螨等寄生虫后会出现各种症状，其中包括舔舐或啃咬尾巴。

猫癣

猫的尾巴被真菌感染后，会引起瘙痒、脱毛、红疹、癣斑和脱屑，猫会频繁地咬尾巴来缓解不适。

心理疾病

猫追自己的尾巴可能是患了强迫症。

🐾 异常烦躁

平时乖巧安静的猫，也可能会出现烦躁不安的情况，诱因可能是疾病，也可能是情绪问题。

发情期间

猫在性成熟后，体内的激素水平会产生变化，出现发情现象，表现为嚎叫、异常兴奋、乱尿、到处走动、打滚等。主人可以轻轻抚摸猫的背部，以缓解猫的情绪。在猫度过发情期后，及时给猫做绝育手术。

疾病或创伤导致的疼痛

猫患有疾病时，身体会不舒服，比如受伤、骨骼问题（关节或后背疼痛）、泌尿系统疾病等导致的疼痛会让猫心情烦躁，甲状腺功能亢进也会导致猫兴奋不安。

中暑

天气炎热时，猫容易中暑，表现之一就是烦躁不安，还会有呼吸急促等症状。

不信任主人

猫刚进入家庭或更换主人时，对主人会存有警惕性，主人如果想要和猫亲密接触，猫会表现得很狂躁，会出现攻击行为。主人要耐心等待猫逐渐适应新的环境，慢慢培养和猫的感情。不要强迫猫和自己接触，更不要打骂。

受到惊吓

猫在面对突然的巨响，比如鞭炮、雷电等，或者突然出现的人或东西时都会引起情绪上的不安和恐慌。当猫受到刺激时，主人可以轻轻抚摸猫的头部。

打架

家里有多只猫或宠物时，猫如果和其他动物产生摩擦，也会引起情绪的暴躁不安。主人可以及时将打架的双方隔离，但要注意不要被激动的猫抓伤、咬伤。

想出门

猫对外面的世界感到好奇，想要出去玩，又不能出去时会变得焦躁，还会不停地转圈和抓挠门窗。如果主人不想让猫出门，可以购买玩具，让猫在窗户边、阳台上观察外面的世界，前提是安装好防护栏，保证猫的安全。假如主人想带猫出去玩，可以使用牵引绳或猫包，确保猫不会乱跑伤人。

🐾 口臭

猫咪的口腔健康近几年越来越多地被猫主人关注，牙结石、牙周炎、口腔溃疡是最常见的猫咪口腔疾病，都可能引起猫的口臭问题。坚持给猫清洁口腔并非易事，但真的很有必要。

食物

猫吃了鱼类、肝脏等有较重味道的食物后，会暂时出现口臭的情况。口臭的味道只会在进食后比较明显，随后会逐渐减轻。主人坚持每天帮猫咪刷牙、清洁口腔，这个问题会很快得到解决。

牙结石

长期食用猫粮的猫，牙齿得不到清洁，会导致附着在牙齿表面的食物残渣形成牙结石，猫会出现口臭、流口水等症状。如果不注重口腔护理，就会形成牙结石，时间久了牙结石还会导致牙周炎。

疾病

1.口腔疾病：如果猫感染细菌、病毒，或者因为过敏或免疫类疾病引起口腔溃疡，患上牙龈炎、口炎等疾病，也会出现严重的牙结石、口臭、流口水、牙龈肿胀、疼痛、出血等症状。

2. 肾脏疾病：如果猫的口腔中有氨味，也就是尿味，说明猫可能患有肾衰竭等肾脏疾病，血液中堆积了很多毒素才会让口腔中出现浓重的尿味。

3. 肝脏疾病：猫患有肝脏疾病时，除了口腔的气味难闻外，还伴有眼结膜和牙龈发黄、呕吐、食欲不振等症状。

4. 糖尿病：猫患有严重糖尿病时，除了多饮、多尿、体重减轻外，嘴里还会呼出一种类似于烂苹果的难闻味道。

消化不良

食物在猫的胃肠道中没有完全消化，停留时间过长会发酵产生异味，从猫的口腔中散发出来。猫同时还会有食欲下降、放臭屁、腹泻、便秘等症状。主人可以给猫喂食宠物用的益生菌调理肠胃，促进消化。

缺乏 B 族维生素

猫体内缺乏 B 族维生素也会导致口臭。主人可以给猫补充宠物专用的 B 族维生素，还有富含维生素的食物，比如动物肝脏、牛肉、鸡蛋等。

🐾 鼻头干燥

健康猫的鼻头是粉嫩、湿润的，当主人发现猫的鼻头干燥时，要考虑到生病、环境、饮食等诱发因素，平时要多加关注。

环境干燥

猫生活的环境干燥而且高温时，鼻子就会呈现干燥的状态。例如猫在空调房间待得时间比较长的时候。

主人不要将猫放在室温高又干燥的房间里，尤其是夏天的阳台等地方。发现猫的鼻头干燥时，主人要降低室内的温度，比如打开空调或电风扇。开空调时，最好打开加湿器，保证室内的湿度，另外不要忘记开窗通风。

饮水较少

猫鼻子是否干燥和平时的饮水情况也有关系，如果猫不爱喝水，或者饮水量少，猫的鼻子也会干燥。主人可以使用宠物饮水机，或者给猫喜爱的汤水等，提高猫喝水的兴趣，增加饮水量。

生病

1.猫在发烧时，身体会出现脱水症状，鼻子也会发干，还可能伴随精神不振、食欲下降等。

2.猫除了鼻头干燥外，如果还有便秘、眼屎增多、泪痕严重、牙龈红肿等症状，说明可能是生病或食物中含盐量高了。主人要及时排查原因，保证猫咪的健康。

🐾 泪痕

猫软萌可爱的脸上如果挂上两道脏脏的泪痕，真的很影响猫的颜值，主人除了清理泪痕外，也要及时了解产生泪痕的因素。

猫的眼泪中含有无机盐、溶酶菌和少量蛋白质，当泪液排出受阻，泪液溢出眼眶并浸湿眼眶下缘的毛发，再被空气氧化变黑就形成了泪痕。

出现泪痕的原因

鼻泪管阻塞

某些品种的猫因为天生脸部扁平，鼻泪管发育不全或鼻泪管狭窄导致阻塞，眼泪无法从鼻泪管排出，就非常容易出现泪痕。例如异国短毛猫（加菲猫）和波斯猫。

眼部疾病

猫患有结膜炎、角膜炎、泪腺炎等眼部疾病时，会引起眼睛发炎、红肿，刺激泪腺分泌，出现流泪增多的现象。另外，猫的眼睑内翻也会刺激猫的眼睛流泪从而出现泪痕。

异物刺激

室内环境中的灰尘过多时，猫的眼睛容易受到灰尘的刺激而流泪。

病毒、细菌感染

猫感染了疱疹病毒、杯状病毒或细菌等，会患上感冒、猫鼻支等呼吸道疾病，造成呼吸道阻塞、眼睛发炎、眼睛分泌物增多等症状。

耳部疾病

猫的耳朵感染寄生虫（比如耳螨）和细菌等，猫感觉瘙痒、疼痛时会频繁地抓挠耳朵，泪腺也会受到刺激而分泌眼泪。

饮食

猫的饮食过咸、过于油腻、添加剂过多，或者给猫喂食人吃的食物，猫喝水过少，这些都会让猫流泪过多形成泪痕。

如何祛除猫的泪痕

1.主人可以用没有刺激性的湿纸巾、浸湿的化妆棉或医用纱布、棉布给猫擦拭泪痕。

2.如果猫的鼻泪管阻塞严重，需要将猫送往医院冲洗鼻泪管，去除堵塞的物质，同时配合相关药物治疗。

3.如果冲洗鼻泪管无效的话，需要根据医生的建议做鼻泪管疏通手术。

4.如果猫患有耳螨或细菌感染，需要使用抗菌类药物治疗，比如耳肤灵等。

第八章
养猫意外状况紧急处理

🐾 猫意外中毒，如何紧急处理

猫意外中毒有多种原因，出现的症状也不同，但给猫造成的伤害很大，严重时可能导致死亡。

导致猫中毒的物质

1. 常见人类食物：猫食用了洋葱、大蒜、牛奶、乙醇、葡萄或葡萄干、咖啡因、巧克力、酵母发酵的面团、过多的动物肝脏、人用药等都会出现中毒反应。

2. 化学物质或植物：农药、杀虫剂、灭鼠药、蚊香、清洁剂、消毒剂、防腐剂、汞元素、含铅油漆、美发用品、指甲油、百合花、郁金香、芦荟等。

临床症状

猫意外中毒后一般会出现如下症状：

1. 呕吐：猫可能会在进食后或进食一段时间后呕吐。

2. 腹泻：严重时猫会出现水样腹泻，持续的腹泻会导致脱水。

3. 腹部疼痛：会因腹部疼痛出现趴卧、背部拱起或身体蜷缩起来的姿势，还会食欲下降，甚至厌食。

4.吐白沫：猫中毒后口腔黏膜会出现炎症，或者口腔被毒素麻痹后会出现口吐白沫的症状。

5.猫中毒后还会出现抽搐、走路不稳、精神不振、体温过高或过低，以及贫血或心律不齐的症状，甚至肾脏、肝脏、胰腺都会出现问题，导致猫出现休克症状，甚至死亡。

应对方法

猫意识清醒时

1.将猫放到空旷的地方，用干净的纸巾把猫嘴边的呕吐物或白沫擦干净，将地上的呕吐物拍照并采样，和猫食用的有毒物质一起送到最近的宠物医院进行治疗。

2.如果猫的中毒反应比较轻微，不要让猫舔舐自己，及时给它喝温开水，或者注射生理盐水来稀释毒素。

3.中毒后最常见的救助方法是催吐，如果确定摄入毒物的时间在 1 ~ 2 小时内，可以进行催吐。有实验显示，动物胃里的内容物，平均在 1.5 小时后进入十二指肠，这时候再催吐，意义不大。

常用的催吐方法有肥皂水催吐和过氧化氢（双氧水）催吐。肥皂水催吐适用于猫在摄入毒物半小时内，尚未出现临床症状时。可以按照 1 ∶ 1 这个浓度，给猫灌服。过氧化氢（双氧水）也可以催吐，但因为有强氧化性，浓度高了会灼伤猫的胃和食管，浓度低了又没有效果，所以不建议使用。

需要特别注意的是，如果猫吞食的毒物具有腐蚀性，如电池、酸性或碱性的清洁剂（沐浴露、洗面奶）、洗衣粉与柔顺剂、汽油等碳氢化合物、抗抑郁药物，不要进行催吐，防止给猫造成二次伤害。

猫失去意识时

1.如果猫已经昏迷，要先将猫带到通风的地方，如果猫身上有项圈、衣服等物要脱下来，再把猫用毛巾等物包裹好，尽快送到附近的医院。

2.医生会使用洗胃或灌肠的方法，还会根据不同的中毒原因开出不同的药物来排毒，如肌肉松弛剂、抗癫痫药、催吐剂、活性炭等。

3.猫出现脱水症状时，需要使用输液治疗。

4.猫中毒后能否恢复良好，取决于是否及时送医。如果及时，猫一般会在几天后恢复正常。

🐾 猫吞食异物，如何紧急处理

猫是好奇心比较强的动物，喜欢探索身边的事物，所以乱吞东西的情况比较普遍，可能是在玩耍中误食，也可能是异食癖。

不要觉得猫只是在玩，不会把东西吃下去，更不要觉得猫吃下去也没关系，异物会随着粪便排出体外。

吞食的异物可能会卡在食管中，或者进入胃部。如果异物进入肠道，可能会引起肠道梗阻，情况严重时需要做手术将异物取出。如果采用不正确的救治方法，会造成对猫的二次伤害，严重的话会危及猫的生命。

可能会被猫误食的物品

1. 针线、毛线、电线、人的头发、数据线等线状物。

2. 玩具配件、纽扣、纽扣电池、螺丝钉、玻璃球、小饰品等小件物品。

3. 卫生纸、塑料袋、纸箱、泡沫制品等包装物。

4. 鱼刺、肉骨、食物干燥剂等。

临床症状

猫的食管受到较大异物阻塞时会出现很激烈的反应，如多次做出摇头晃脑、试图吞咽等动作，还会流口水、呕吐、反流，口腔内的牙龈颜色发紫，还可能用爪子抓挠嘴巴。

如果吞下的是小的鱼刺、鸡骨，以及其他各种小物件，猫的反应会不明显。通常会出现口臭、昏睡、食管炎症或感染、食欲不振、体重下降等症状。这种情况如果发现不及时，很容易引发严重问题。

应对方法

1. 很多猫被卡住时，会不停地挣扎，这样会导致异物进入身体的更深处。为了不让猫因挣扎而受二次伤害，可以用毛巾或浴巾将猫裹住并固定起来。

2. 如果打开猫的嘴巴后能看到卡住的是小件物体，并有平滑的边缘，可以用一只手固定住猫的头部，掰开猫的嘴巴，拉住它的舌头，用镊子夹住物体边缘试着向外拉。如果感觉到有阻碍，就不要继续拖拽，应立即去医院。

3. 如果猫吞下的是锯齿状或尖锐的物体，或者看到猫的嘴里或肛门处有线状物，不要试图取出或用手拉扯，因为很可能会划破猫的食管和肠道，应该立即送医院。

4. 如果看不到猫吞下的东西，也不要用手伸到猫的喉咙里摸索，有可能会将异物推入更深的地方。而是要将猫的头部和身体固定好后送往医院，交由医生处理。

5. 如果确定猫吞食的是钝性异物，可尝试抓住猫的后腿，把猫倒立，抖动，利用地心引力让异物滑出。

情况紧急时，可使用海姆立克急救法，其操作步骤如下。

（1）把猫圈在怀里，自己的身体前倾，让其背部靠在自己的胸部。

（2）找到肋骨最下面、胃部中间柔软的位置。一定要确认好位置，按压部位在腹部而不是胸腔，否则容易造成猫的胸骨骨折。

（3）一只手握拳，向上、向内快速用力按压5次，借助推力把异物冲出来。

要注意的是，最好不要在家中对猫做催吐处理，因为如果操作不当，很容易让猫的呕吐物反流入肺部，造成二次伤害。

6. 如果发现猫无法呼吸，陷入昏迷的状态，需要对猫做心肺复苏。同时，将猫立即送往医院急救。

即使猫将异物吐了出来，也要带猫去医院做一下检查。查看是否还有异物，以及按压是否伤及了猫的重要器官。

🐾 猫休克，如何紧急处理

猫突发休克，会让猫主人措手不及。如果主人能够正确应对，关键时刻能帮猫脱离危险。

临床症状

猫休克的典型症状是心动过缓、低血压、低体温。在休克前会出现短暂的兴奋，不久就会转为低头闭眼，失去活动能力和知觉，血压和体温逐渐降低，呼吸不规则，脉搏微弱，黏膜发白或发绀。

最后会瞳孔散大，体表变冷，结膜变紫，血压急剧下降，脉搏消失，对外界刺激失去反应。

病因

1.猫患有疾病时会出现休克症状，比如患心脏病会出现心源性休克，患胰腺炎、脂肪肝、胃肠道出血时也会休克，出现癫痫症状时也会昏厥。

2.猫出现中毒反应时也会休克。

3.猫出现意外事故，比如触电、烧伤、溺水、交通事故等受重伤后会导致休克。

4.其他导致猫休克的情况：血糖比较低时；猫中暑或受冻时。

应对方法

人工呼吸

猫休克时，要先观察猫的胸腹部是否还有起伏，或者用脸颊感受猫是否还有呼吸。

如果没有呼吸，用手感受猫大腿内侧的股动脉，查看猫是否有脉搏。如果猫没有呼吸，仍有脉搏，需要在送往医院的同时进行人工呼吸。方法如下：

1. 将猫放在平整的地方，右侧卧。打开猫嘴，清除猫口腔中的唾液、呕吐物或血液，如果有其他异物也需要一起清除。

2. 如果猫的喉咙深处有异物，要使用海姆立克急救法，将异物排出体外。

3. 合上猫的嘴巴，轻轻地将猫的脖子扶直，保持猫的气道通畅。

4. 将嘴唇覆盖在猫的鼻子上，快速向猫的鼻孔吹气 4 ~ 5 次。

5. 观察猫的胸部是否有起伏，如果有说明吹的气进去了，继续吹气 4 ~ 5 次。

6. 观察猫是否能自主呼吸，如果不能，继续重复吹气，每分钟吹气 12 ~ 15 次，直到猫能自主呼吸。

如果人工呼吸无效，猫依然没有自主呼吸，而且没有心跳，就需要对猫进行人工呼吸结合心肺复苏来抢救。

心肺复苏

进行心肺复苏前，还需要确认猫没有大出血或骨折等情况，以免因心肺复苏而加重病情。

在做人工呼吸的同时，对猫进行心脏按压。最好由两个人配合，一个人做人工呼吸，另一个人做胸外心脏按压。

1. 让猫向右侧卧，左胸朝上。用手按在猫的胸腔上，对猫的胸外侧做按压，压到正常厚度的 2/3 ~ 1/2，即 1.5 厘米 ~ 2.5 厘米。等胸部复原后再次按压，按压的速度是每分钟 100 ~ 120 次。

2. 如果两个人配合，每 3 次心脏按压，做 1 次人工呼吸。如果急救者只有一人，就每 5 次心脏按压，做 1 次人工呼吸。

3. 每做两分钟暂停 10 ~ 15 秒钟，检查猫的脉搏和自主呼吸。继续做，直到猫恢复意识。如果连续做了 20 分钟，猫还没有恢复心跳和呼吸，救活的可能性就很小了。

护理事项

1. 猫休克后不要大力摇晃猫的身体，不要轻易将猫移动到其他地方，除非猫所处的位置很危险。

2. 不要将猫的头部抬高，防止呕吐物、血液或其他分泌物回流进咽喉，堵塞呼吸道，导致窒息死亡。尽快将异物清理干净，将猫的舌头拉出，保证猫的呼吸道畅通。

🐾 猫被咬伤、抓伤，如何紧急处理

猫的领地意识很强，家中养两只以上的猫时，就会发生打架现象。猫外出时也极容易和别的猫打架，所以主人需要学习一些处理伤口的应急方法。

应对方法

清洁伤口

首先要检查伤口的深浅。如果伤口被毛发遮挡，可以将伤口处的毛发剃掉。用生理盐水清洗伤口，把伤口上的血水、口水和污迹等清理干净，如果有毛发等脏东西，可以轻轻用镊子取出来，动作要轻柔，以免猫因为疼痛而挣扎。

给伤口消毒

用碘伏涂抹伤口周围的位置进行消毒，用宠物专用的伤口愈合剂，比如宠速合，喷涂在伤口上。涂抹面积要比伤口略大，能完全覆盖伤口。

包扎伤口

用棉花压住伤口，再用绷带或纱布包扎好伤口，不要让伤口接触空气中的灰尘和细菌。

送往医院

如果伤口很深，流血较多，需要将猫送往医院进行止血、缝合或包扎，以免伤口感染。

接种疫苗

如果不知道抓伤、咬伤猫的其他动物是否携带狂犬病毒，需要带受伤的猫去接种狂犬病疫苗。

护理事项

1. 伤口处理完成后，给猫戴上伊丽莎白圈，以免猫抓挠、舔舐伤口造成感染。

2. 主人要观察其伤口恢复的情况，如果伤口有渗出液，需要及时更换纱布。如果没有渗出液，可以减少更换纱布的次数。

3. 注意保持环境的通风，保持猫伤处的干燥卫生，有利于伤口愈合。如果猫因此出现情绪暴躁、抑郁的情况，主人要多陪伴，可以用零食来安慰它，或者进行摸头、梳毛等猫喜欢的互动。

4. 补充营养，可以喂食罐头、肉类、肉汤、羊奶粉等帮助猫恢复健康。

🐾 猫患癫痫，如何紧急处理

猫患癫痫是指猫的大脑神经元异常兴奋，给身体发出异常信号，导致身体部分或大部分肌肉不受控制、不协调地收缩，属于猫的一种神经系统疾病。

分类

特发性癫痫

主要是指遗传因素造成的癫痫，还有一部分猫经过临床检查，没有发现发病原因，也会出现癫痫症状。这种类型通常在猫安静、休息或刚苏醒时发病率比较高。

结构性癫痫

指猫的大脑病变引起的反复发作的抽搐，通常是由于脑肿瘤、猫传腹、弓形虫引起的炎症，传染病和免疫疾病、创伤、脑血管疾病等大脑疾病引发，或者是由于脑积水、无脑回、瘢痕等脑部结构异常引发的。

幼猫癫痫发作一般是因为脑积水、无脑回等先天脑部畸形、脑炎或创伤，老年猫癫痫发作多是由于脑部肿瘤。

临床症状

发作前的症状

猫在癫痫发作前，会出现和平时不一样的行为，比如恶心或呕吐、焦虑、进食或睡眠习惯改变、攻击性强等异常行为，情况可能会持续数秒到数小时。主人不仔细观察或者猫初次发作前很容易被忽略。

发作时的症状

1.单纯局灶性发作：指猫的部分肌肉发生痉挛，但是意识正常。猫的局部肌肉会出现抽搐，肌肉节律性地收缩，猫会呕吐、腹泻等。

2.复杂局灶性发作：猫癫痫症状大多为这种类型，会出现多个单纯局灶性抽搐，比如异常的奔跑动作，头颈部肌肉抽搐，斜视，眼球震颤，瞳孔放大，猫会大量地流口水，对主人完全不认识。

3.全面性发作：指猫的全身肌肉发生痉挛。猫会突然间失去意识，倒在地上，四肢呈划水状摆动，双侧肢体及全身性地抽搐。有的猫除了流口水外，还会大小便失禁。单次发作时间可以达到30～90秒。

发作后的症状

猫在抽搐结束后，常表现为步态跟跄、原地打转、困倦、饥饿、失明等，通常会持续数分钟、数小时，有时也会长达数天。

应对方法

1.猫发病时，及时清理它周围的危险物品，比如绳子、金属或尖锐、锋利的物品，以免猫受伤。

2.如果猫在比较高的地方发病，比如猫爬架、家具、高台阶等，可以用毛毯、毛巾等将猫包裹住，快速移到低平、宽敞的地方。

3.不要强行去抱住或束缚它，特别是猫全身性癫痫发作的时候。

4.如果出现呕吐的情况，要及时清理口腔异物，防止猫的口鼻被堵塞，发生窒息。

5. 如果家里有其他宠物，为了防止它们受到惊吓出现攻击行为，要避免它们接触发病的猫。

6. 等待猫抽搐结束后，再将猫转移到昏暗且安静的环境中休息。

7. 记录下发作的时间和次数，最好将发病的情形拍成视频。在猫平静下来后，将猫送往医院就诊，上述资料可以提供给医生，方便医生做诊断。

8. 如果猫的上一次癫痫发作还没有完全恢复就又发作，或者全身抽搐超过 5 分钟，局部抽搐超过 30 分钟，或者 24 小时之内出现 1 次以上的抽搐，应该立即送往医院，防止导致永久性神经损伤，甚至死亡。

🐾 猫晕车，如何紧急处理

晕车是因为负责听觉和平衡的内耳可以感受身体的位置和速度。相对于成年猫，幼猫的内耳结构发育不完全，对运动状态的感知更容易发生错误，也就更容易晕车。

另外，也有可能是猫缺乏外出的经验，或者猫认为主人是带它去医院，从而出现焦虑情绪，导致晕车。

临床症状

1. 猫晕车时会频繁地舔上嘴唇。

2. 猫会像人一样呕吐，会不停地流口水，还可能会腹泻。

3. 猫会发抖害怕，会不停地小声叫唤或者大声嚎叫。

4. 晕车会导致猫虚弱无力，无精打采，蜷缩在角落，一动不动，也可能会表现得呼吸急促，紧张不安，不停地踱步，想逃离车子。

应对方法

1. 空腹状态可以让猫减少在车上呕吐的情况，也可以减少排便的需求。健康的猫在出行前可以提前 6 ~ 12 小时断食，如果猫的身体状况欠佳或有病在身，在断食之前需要咨询医生的意见。

2. 如果猫不熟悉车厢的环境，会引起不安的情绪。这时候狭小的隐蔽空间能减少猫的不适应感，可以将猫放入猫包或航空箱中，并铺上猫平时喜欢的毯子，尽量让猫感觉舒适。

3. 在车里放置猫熟悉的东西，比如衣服或毛毯，让猫闻到家中的味道，给它安全感，舒缓情绪。

4. 带些猫喜欢的玩具和食物，这些东西可以转移它的注意力。

5. 尽量保持车内环境的凉爽和安静，猫叫个不停的时候，可以抱着它安抚一下。

6. 长时间封闭的车辆容易引起猫的呼吸问题，可以把车辆的窗户打开一条缝隙，让猫呼吸新鲜空气，看看窗外的风景。但是切记不要把窗户开得太大，防止猫从窗户跳出去发生意外。

7. 长途出行时要准备好纸巾和猫砂盆，方便猫排便，并及时处理猫的口水或呕吐物。

8. 当猫有晕车反应时，可以带猫下车休息或散步，让猫喝些水，缓解疲劳和不适。

9. 在咨询医生后，可以准备晕车药和减缓焦虑的药物或制剂。

异物入眼，如何紧急处理

猫有发达的泪腺和副泪腺，当有猫毛或灰尘等比较小的异物进入眼睛时，会分泌泪液来润滑眼睛并将异物排出来。但如果异物比较危险，比如是尖锐的，就需要主人及时处理。

临床症状

有异物入眼时，猫会有频繁眯眼的动作，眼睛会流泪、畏光，甚至会出现充血的现象。

应对方法

1. 如果猫眼睛里的异物引起猫流泪、畏光等症状，可以使用宠物专用的洗眼液或生理盐水冲洗眼球，将异物带出来。

2. 也可以用湿润的棉签在猫的眼睑上方轻轻地滚动，带出进入猫眼部的异物。

3. 如果异物比较大，所处的位置比较深，需要将猫送到医院做处理。

护理事项

1. 取出异物后，要给猫戴上伊丽莎白圈，防止猫继续抓挠眼睛。

2. 如果猫出现眼睛疼痛、红肿、分泌物增多的情况，可能是感染了结膜炎，需要使用抗菌消炎的宠物专用眼药水进行眼部消炎。

第九章
养猫必备用药常识

🐾 不要随意把人用药给猫吃

猫生病了，就需要看兽医、吃药、打针。主人觉得去宠物医院特别贵，如果不是特别严重的病，就想给猫吃一些人用药，其实这种做法很可能引起严重后果。大部分宠物中毒，是因为主人自行在家乱喂人用药，或者宠物误食人用药。

宠物药品和人用药在组成成分和使用剂量上有明显的差别。

猫和人的体重不同，生理结构也不相同，特别是大脑的结构和调节功能，肝肾酶的数量和种类的差异也很大。虽然有些人用药和猫用药的成分相同，但使用剂量完全不同，使用后的毒副作用也不同。

如果不能掌握好剂量，人用药滥用在猫身上，剂量超过猫的身体负荷，很可能会导致猫死亡。即便是剂量较小的儿童用药，也不能给猫使用，同样会造成猫中毒或死亡。即使在紧急情况下，给猫喂食人用药，也需要遵循医生的指导。

猫生病后应先确诊再用药

猫的某些症状并没有特异性，可能是由许多疾病引起的。比如流鼻涕，可能是感冒、猫鼻支，也可能是猫瘟等其他疾病。宠物医生会在确诊后再对症下药，主人不要依据自身生病经验自行给猫喂药，更不要将人用药给猫吃。

猫不能吃的人用药

非甾体消炎镇痛药

水杨酸类：阿司匹林、水杨酸钠。

苯胺类：对乙酰氨基酚、非那西丁。

吡唑酮类：保泰松、羟布宗。

其他抗炎有机酸类：吲哚美辛、舒林酸、甲芬那酸、布洛芬、萘普生、吡罗昔康、尼美舒利等。

这些成分对人是安全的，但对猫来说是非常危险的，小剂量就能导致猫的红细胞损伤，发生严重的胃肠道溃疡和肾衰竭，甚至死亡。

抗抑郁药：郁复神、百忧解等

这种药物仅限于极个别病症时使用，但是用量需要遵医嘱。过量会导致严重的神经系统问题，比如震颤、癫痫、共济失调。有些抗抑郁药还会导致严重的心率、血压和体温升高。如果猫吃掉整片药物，会导致严重中毒。

治疗多动症的药物：如哌甲酯制剂

主要用来治疗注意力不集中或注意缺陷障碍的问题，宠物即使很少量地摄入这类药物也会受到伤害，如癫痫、震颤、体温升高、心脏病等问题。

地西泮和安定类药物：安宁神、氯硝西泮等

这些药物用来缓解紧张情绪，促进睡眠，但也会导致猫发生严重的嗜睡、共济失调、呼吸减慢等症状。有些安定类药物会导致猫出现肝衰竭。

避孕药：雌激素、雌二醇、黄体酮等

小剂量不会有严重问题，但是过量摄入就会导致骨髓抑制。尤其对母猫的影响会很大，会引起动脉硬化、卵巢出血、卵巢囊肿、子宫蓄脓，甚至是乳腺癌。

乙酰胆碱酯酶抑制剂：赖诺普利、雷米普利

这种药物广泛应用于治疗人的高血压，偶尔也会给宠物使用，一般情况下合理的剂量是安全的。如果猫有肾衰竭或心脏病，就需要在宠物医生的指导下用药。

β-受体阻断剂：天诺敏、美托洛尔等

这种药物也是用于治疗人的高血压，猫使用少剂量就会引起严重后果，会造成血压下降和心率缓慢，危及猫的生命。

甲状腺激素：干燥的甲状腺片

一般情况下摄入这种药物不会造成太大的问题，但是短时间内过多摄入会导致猫的肌肉震颤、神经质、气喘、心率加快和攻击性增加。

降胆固醇药物：立普妥、辛伐他汀

这类药物被猫摄入后会引起呕吐和腹泻，长期摄入会出现严重的副作用。

🐾 如何正确给猫喂药

给生病的猫喂药，对于主人来说，是个"斗智斗勇"的过程。因为宠物猫一般比较敏感，很少会乖乖配合。给猫喂药时，它会乱动，或者拼命挣扎，甚至会用锋利的爪子抓挠主人，严重情况下还会咬人。为了让猫更顺利地把药吃下去，主人不妨掌握点儿喂药的方法。

喂药方法

为了防止猫在喂药时挣扎逃跑，可以一个人用手固定猫的身体，另一个人喂药，或者用毛巾把猫包裹起来，这样既能不伤害猫的身体，又能避免猫伤到人。

吃完药后，可以给猫一些奖励，比如猫爱吃的零食等。一方面可以让药物随着猫的咀嚼彻底进入胃部，不会再吐出来，另一方面也能让猫感觉吃完药就能吃到爱吃的食物，形成一种条件反射。

用手喂药

这种方法适合片剂和胶囊。

1.用一只手的食指和拇指按住猫的嘴角，将猫的头部抬高大约45°，当猫张开嘴巴时，抵住猫的下颌，不要让它闭合。

2.将药片快速地塞入猫的喉咙，尽可能地靠近喉咙深处和舌根部，越深越好，防止猫用舌头把药推出来。

3.迅速将手抽出来后，闭合猫的嘴巴，防止猫把药吐出来，或者摇头把药甩出来。可以用嘴对着猫的鼻子吹气，或者用手轻轻抚摸猫的下巴和脖子，让猫产生吞咽动作。

4. 将闭合猫嘴的动作保持一会儿，防止猫把没吞下去的药吐出来。

也可以用喂药器辅助喂药，方法和用手喂一样，而且可以把药推送到喉咙深处。

使用针筒

这种方法适合液体状的药物，比如口服液或溶化的药膏、颗粒等。

1. 将药液轻轻摇匀，避免产生太多的泡沫，药液有泡沫会影响猫的吞咽。

2. 用去掉针头的注射器吸取需要的药量，将猫放在腿上或桌子上。

3. 用一只手将猫头抬高大约45°，另一只手将注射器从猫的嘴角和牙缝间插入。从嘴角喂药，可以避免猫被呛到。

4. 先缓慢地按压注射器，让猫慢慢地吞咽。不要一次推入太多，以免漏出来。

5. 如果药液很苦的话，可以尝试将注射器往猫喉咙的深处再推进一点儿。

涂抹在猫鼻子上

有些膏状药物猫拒绝吃，可以将药膏抹在猫的鼻子上，因为鼻部的不适感，猫会不得不把药膏舔进去。

将药物与食物混合

这种方法可能会花费更多的时间。

1. 如果是药片等颗粒状药物，可以放入猫条里，猫会将猫条与药物一起吃下去。

2. 如果是胶囊类的药物，可以将胶囊中的药粉放入罐头等湿粮或汤水类的液体中，这些食物会掩盖药物的味道，使猫更容易吃下去。

3. 药粉不要一次放太多，可以少量多次添加。

4. 将食物加热，猫会更爱吃。

🐾 80% 的养猫人在滥用抗生素

抗生素是 20 世纪最伟大的医学发现之一，它挽救了无数人的生命，对猫的疾病也有治疗作用，但是大多数养猫人对于抗生素的认识仍存在一定的误区。

抗生素不等于消炎药

简单来说，抗生素是可以选择性地抑制细菌生长或杀死细菌的药物，属于抗菌类药物，可以治疗由细菌类病原体引起的感染。常见的药物有速诺、拜有利、青霉素、甲硝唑、头孢类药物。

消炎药是指解热镇痛、抗炎的药物。分为非类固醇类药物（也叫作非甾体类消炎药），包括猫常用的痛立定、美洛昔康等；类固醇类药物（也叫作甾体类抗炎药），比如波尼松龙等。

两种药物都可以控制炎症，但是并不能画等号。炎症可能是细菌性的，也可能是非细菌性的。抗生素只能治疗细菌感染引起的炎症，对于病毒、真菌、过敏、外伤引起的炎症没有作用。所以如果是非细菌感染引发的炎症，不需要使用抗生素，只是用消炎药就可以了。

抗生素不是万能的

有些猫主人觉得一种抗生素能够用来治疗许多种疾病，比如速诺，不管猫是打喷嚏还是腹泻都会给猫吃两粒，这样喂药有时候能帮猫恢复健康，有时候却可能延误病情。

抗生素虽然可以作为家庭常备药，但是在使用时需要遵医嘱，这是因为：

1.相同的临床症状，可能是由不同的病因所导致。比如猫的腹泻，可能是因为感染细菌，也可能是感染病毒，或者是体内有寄生虫，甚至是饮食、受寒引起的。

在没有经过血检确定白细胞异常，没有证明有细菌感染的情况下，就给猫服用抗生素，可能无法达到治疗效果。同时也会让猫的机体产生耐药性，真正需要使用抗生素时反而无效了。

2.每种抗生素能够对抗的细菌和适用的机体部位不同。没有一种抗生素能够对所有细菌产生作用，不同的药物在猫的不同器官内达到的血液浓度也不同。医生会根据药物所针对的细菌和能够达到的机体部位来选择相应的抗生素。

正确选择抗生素

如果想知道猫是由哪种细菌引起炎症，方便对症下药，还想知道猫是否对相关的抗生素过敏，最好的办法是去医院做细菌培养和药物敏感性测试。

如果没有条件的话，可以先选择广谱抗生素进行治疗，比如阿莫西林克拉维酸钾，它对大多数细菌，像大肠杆菌和葡萄球菌都是敏感的。如果治疗一段时间后仍无效，再前往医院进行检查。

症状好转时不要随便减药或停药

有些猫主人认为抗生素吃得太多，对猫不好，会产生耐药性，所以在猫的病情有所好转时就自行减少药量或干脆停药，其实这样反而会影响身体恢复，还会产生耐药性。

抗生素的药效和药物浓度、用药频率都有关系，而且起效需要一定的时间。如果擅自减量和更改用药频率，会导致血液中药物浓度降低，不能将细菌一网打尽，很可能让细菌卷土重来，使病情反复，也会增加细菌对药物的耐药性。

🐾 处方粮，不能代替给猫吃药

猫的处方粮不同于普通猫粮，它是针对猫的某种疾病或营养状况专门研究、生产出来，帮助猫恢复身体健康的特殊猫粮。

市场上常见的处方粮有肠道处方粮、肝脏处方粮、泌尿道处方粮、肾脏处方粮等。

选择处方粮的优势

1. 帮助药物发挥作用：宠物药中的某些成分可能会与普通猫粮中的营养元素产生作用，影响药物的效果。处方粮是根据不同病理设计的，可以帮助药物发挥效力。

2. 缩短治疗时间：处方粮除了能够给患病的猫提供所需要的营养和能量外，还可以对猫所患疾病给予辅助治疗，促进身体的康复。

3. 延缓病情发展：猫患有不可逆的慢性疾病时，需要减轻身体的负担，延缓器官的衰竭，使用处方粮可以延长猫的寿命。

4.控制或减缓病情复发：猫的许多疾病都很容易复发，在痊愈后使用处方粮能有效地降低复发率，延长复发时间。

5.减少药物的使用量：药物难免会给猫的机体带来一定的副作用，使用处方粮辅助治疗，能够减少医生的用药量，从而减少药物可能给猫的身体带来的不良影响。

喂食处方粮的注意事项

1.处方粮是猫在患病后的专配食谱，需要由医生在诊断猫所患疾病后，确定是否使用及使用哪种类型的处方粮。猫的主人不能随意购买处方粮给猫食用。

2.不能够替代药物。处方粮就像人吃的营养餐，是猫的"病号饭"。它本身不含有药物成分，只是通过添加特殊的营养元素和平衡营养成分的水平，来达到食疗的目的，并不能单独作为药物来使用。过分期待处方粮的作用，不对猫进行治疗，只会危害猫的健康。

🐾 猫舔了碘伏会中毒吗

碘伏主要用于皮肤黏膜和手术器械的浸泡消毒，具有广谱杀菌的作用，可以杀灭细菌、真菌、原虫和部分病毒，属于低毒类外用消毒剂，一般是外用，不可以口服。

猫在受伤或做绝育手术时，经常会使用碘伏消毒。猫喜欢带有刺激性气味的东西，又喜欢舔舐伤口，所以舔了伤口上的碘伏也很常见。

如果猫只是舔舐了少量的碘伏，并不会造成太大的影响，碘伏的成分对于猫来说没有太大的危害。

应对方法

1.舔舐少量碘伏：猫舔舐少量碘伏后，主人要及时给猫灌水来稀释体内碘伏的浓度，避免烧伤肠胃，但要注意不要让猫呛到。

2.舔舐大量碘伏：碘伏虽然本身比较安全，但是如果猫食用过多，会刺激猫的咽喉，损坏咽喉黏膜，严重时会对胃肠道造成刺激，出现中毒反应。猫会出现咳嗽、呕吐、腹泻、叫声沙哑、精神不振、食欲下降等症状，需要及时前往医院治疗。

预防方法

1.给猫伤口消毒时，可以使用宠物专用消炎喷剂代替碘伏，减少猫舔舐碘伏的机会。

2.给猫佩戴伊丽莎白圈，既可以防止猫误食碘伏，还可以避免猫舔舐伤口造成感染。

🐾 猫草、化毛膏、化毛片，到底该怎么选

猫是爱干净的动物，每天会花费很多时间来打理自己的毛发，天长日久就会吃进去很多毛发。肠胃中积累的毛发过多，猫会患上毛球症，会刺激胃肠道，引起呕吐、消化不良、便秘等症状。

化毛产品

帮助猫排出毛发一般可以选择给猫食用猫草、化毛膏和化毛片，究竟选哪一种？下面让我们来认识一下它们各自的优劣。

猫草

猫草是指大麦苗、小麦苗、燕麦苗、狗尾巴草等草类植物。这是最原始的化毛方法，在野外生存的猫就会自己寻找猫草来协助排毛。主人可以在猫三个月大的时候开始种植猫草，让猫慢慢习惯食用。

优点：这些植物中富含粗纤维和微量元素，可以改善猫的营养不良，对异食癖有一定的治疗作用，还能起到一定的减压作用。

缺点：猫草是通过刺激猫的肠胃蠕动，促使猫毛随粪便排出，不适合肠胃功能较弱的猫。而且摄入过量猫草，会难以消化，导致猫食欲不振。

化毛膏

化毛膏中含有粗纤维、益生元和油脂类的成分。化毛膏并不是将毛发化掉，而是通过润滑肠道，促进肠道蠕动，让毛发随着粪便排出体外。

优点：相比猫草来说，化毛膏的口感比较好，猫会比较爱吃。

缺点：化毛膏属于一种轻微的通便剂，猫吃多了的话可能会引起腹泻。而且含糖及多种油脂，容易引发肥胖。

化毛片

化毛片是片状的化毛产品，和化毛膏一样，也是通过促进肠胃蠕动，排出肠道中的毛发。

优点：化毛片中所含的膳食纤维是由植物中提取的，比化毛膏更安全，而且因为是片状的，比膏状的产品更容易控制用量。

缺点同膏状化毛膏。

喂食化毛产品的注意事项

猫在三个月大的时候学会舔毛，这个时候给猫吃化毛产品比较合适。猫的换毛期一般在每年的春季和秋季，也就是3—5月和9—11月。无论是长毛猫还是短毛猫，在八个月时都要在换毛季使用化毛产品。在换毛季，长毛猫一星期要吃一到两次，短毛猫两星期吃一次。非换毛季时，长毛猫一到两星期吃一次，短毛猫一个月吃一次。

除了以上的化毛产品，主人根据猫的肠胃情况，还可以给猫适量喂食鱼油、橄榄油或含有纤维素的猫粮，同样可以帮助猫润肠通便、排出毛球，但要注意避免猫的肠胃不耐受，出现呕吐、腹泻的情况。

不过，从猫的健康角度讲，喂食化毛产品不是最佳选择，排出毛球的最好方法是每天给猫梳毛。除非猫排斥梳毛，才会选择以上产品。

🐾 养猫必备药品清单

人难免会生病，大家通常会在家中准备些常用药，以备不时之需。猫同样需要自己的"小药箱"，在生病时可以及时得到初步的治疗。

处理伤口时用药

1.清洗伤口：碘伏、含氯已定成分的药剂（洗必泰消毒液）、可鲁抗菌喷剂等。

清洗皮肤，冲洗掉伤口上的异物，同时具有杀菌消毒的作用。

2.止血：宠物专用止血粉。

用于外伤止血，出血严重、伤口过大时，要在涂抹止血粉后用纱布轻压伤口止血，及时送往医院处理。

3.促进伤口愈合：宠物专用伤口愈合药物，比如百灵金方伤口喷、抑菌膏、抑菌粉。

促进小伤口或术后伤口愈合，有抑菌作用。

肠胃用药

1.止泻：蒙脱石散、白陶土。蒙脱石散是紧急止泻药物，最好遵医嘱服用。白陶土属于对症治疗的药物，也需要医生诊断后使用。

2.通便：乳果糖。偶尔因饮食不当引起的便秘可以使用乳果糖，反复便秘需要经过诊断后进行治疗。

3.保护胃肠黏膜：硫糖铝（胃溃宁）。有利于胃肠黏膜再生和溃疡愈合，抑制胃酸和呕吐。但是如果猫反复呕吐，建议前往医院治疗。

4.胃肠道保健：布拉迪酵母、乳酶生、修正杜立德、酵母素片等益生菌。益生菌属于保健品，可以帮助肠道菌群平衡。在猫出现便秘、感染性腹泻、注射抗生素引起腹泻时，可以使用益生菌调理。但不是所有便秘、腹泻、胃口不好都能够通过益生菌治疗。益生菌不可长期服用，一般以 1 ～ 2 周为一个疗程，如果症状没有得到改善请及时就医。

耳螨用药

1. 洗耳液：耳漂。清洗耳道，祛除耳垢和坏死角质。如果猫的耳道分泌物过多，可以定期使用，否则无须定期清洗耳道。

2. 抗菌：耳肤灵。可以治疗耳螨、真菌感染和过敏引起的耳道疾病。

猫癣用药

治疗猫癣要使用含有硝酸咪康唑、盐酸特比奈芬等成分的洗剂或喷剂，比如达克宁、皮特芬、伴肤爽、那非普、麻辣洗。

如果猫没有猫癣，不建议做全身的药浴预防，也不建议频繁洗澡。

黑下巴用药

使用含氯己定成分的药剂，如 5% 浓度的氯己定消毒液，用来抑制毛囊周围细菌繁殖。猫的其他身体部位油脂分泌旺盛时，也可以使用，比如尾巴。但不建议作为预防用药。

眼部用药

1. 滴眼液、洗眼液：金盾、埃尔金、维克等。眼部用药或术前给眼睛清洗消毒，可抑制细菌、真菌和病毒，缓解眼部不适。

2. 眼膏：辉瑞眼膏、眼康。治疗眼睛红肿和轻微发炎。

鼻腔用药

1. 生理盐水：清洗鼻腔内的鼻涕或分泌物。

2. 马克西金滴鼻液：阻断病毒的感染。

口腔溃疡用药

可鲁抗菌喷剂、百灵金方抑菌液等。

抗生素类药物

速诺、辉瑞巧克力膏、拜有利等。

驱虫药

1. 体内外驱虫：大宠爱、福来恩、博来恩、爱沃克等。

2. 体内驱虫：海乐妙、拜耳等。